Der Karriereführerschein

Dr. Martin-Niels Däfler wurde 1969 in Mainz geboren und wuchs in Aschaffenburg auf. Nach seinem BWL-Studium in Adelaide/Australien und an der Universität Würzburg wurde er 1997 promoviert. Seitdem ist er als selbstständiger Kommunikations- und Marketingberater und Trainer tätig – zu seinen Kunden zählen sowohl große als auch mittelständische Unternehmen sowie zahlreiche Verbände und Akademien. Seit Anfang 2010 ist er Dozent an der FOM Hochschule für Oekonomie & Management in Frankfurt am Main. Sein Wissen und seine Erfahrungen hat Martin-Niels Däfler in elf Büchern und über 30 Fachartikeln dokumentiert; zudem ist er regelmäßiger Kolumnist der SparkassenZeitung. Mehr über ihn erfahren Sie unter:

www.dafler.de

Martin-Niels Däflers Internetseite erreichen Sie auch, wenn Sie nebenstehenden Code mit einem QR-Reader fotografieren.

Martin-Niels Däfler

Der Karriereführerschein

Erfolgstipps für alle, die anfangen zu arbeiten

Campus Verlag
Frankfurt / New York

Bibliografische Information der Deutschen Nationalbibliothek.
Die Deutsche Nationalbibliothek verzeichnet diese Publikation in der Deutschen Nationalbibliografie; detaillierte bibliografische Daten sind im Internet unter http://dnb.d-nb.de abrufbar.
ISBN 978-3-593-38949-3

Umschlaggestaltung: R.M.E Rohland Eschlbeck und Ruth Botzenhardt
Umschlagmotiv: © Corbis, Düsseldorf
Satz: Campus Verlag GmbH, Frankfurt am Main
Druck und Bindung: Beltz Druckpartner, Hemsbach
Gedruckt auf Papier aus zertifizierten Rohstoffen (FSC/PEFC).
Printed in Germany

Besuchen Sie uns im Internet: www.campus.de

Widmen möchte ich dieses Buch
meinen Kindern Klara und Niklas:
Möget ihr Karriere machen, egal, ob als
Gärtner oder Geschäftsführer – Hauptsache,
ihr werdet glückliche Menschen

Inhalt

Vorwort

Eine Warnung vorab: Dies ist kein Karriereratgeber. Es ist ein Buch über die *Grundlagen* für eine erfolgreiche Karriere. Nicht mehr und nicht weniger. Hier finden Sie keine Antwort auf die Frage: »Wie erreiche ich am schnellsten die Chefetage?«, sondern ich zeige Ihnen die konkreten Voraussetzungen, um überhaupt Karriere machen zu können, welche handwerklichen Fertigkeiten Sie mitbringen müssen, um erfolgreich im Job zu sein. Und dies gilt im Übrigen nicht nur für Berufseinsteiger, sondern auch, wenn Sie bereits einige Berufsjahre hinter sich haben.

Wer heute einen Bürojob hat, benötigt mehr als reines Fachwissen. Vor allem höfliche Umgangsformen, professionelle Arbeitstechniken und ein moderner Kommunikationsstil sind Grundvoraussetzungen dafür, um im Beruf voranzukommen. Doch das dafür notwendige Wissen wird an den meisten Hochschulen und Berufsfachschulen nur in homöopathischen Dosen gelehrt.

Kein Wunder also, dass viele Mitarbeiter – egal, auf welcher Ebene – nicht wissen, wer wen auf dem Flur grüßen sollte, wie man seine Ablage organisiert oder welche Regeln beim Briefeschreiben zu beachten sind. Das ist so, als ob jeder Auto fahren dürfte, ohne zuvor die Führerscheinprüfung abgelegt haben zu müssen. Logische Folge: In den Unternehmen kommt es häufig zu Stilunfällen, Kommunikationspannen und Zeitstaus – mit fatalen Folgen für den persönlichen Karrierepfad und die betriebliche Effizienz.

Bei vielen Mitarbeitern reift daher irgendwann die Erkenntnis, dass sie sich in Sachen Etikette, Arbeitsmethodik und Kommunikation fortbilden müssen. Doch der Gang in die Buchhandlungen ist eine Qual: Meterweise steht einschlägige Literatur in den Regalen. Etliche Werke müssen durchgearbeitet werden, um das wirklich relevante Wissen herauszufiltern. Oder man muss viel Geld und Zeit investieren, um mehrere Seminare zu besuchen. Kurzum: Ein einziges, komprimiertes Nachschlagewerk für alle wichtigen Fragen des Büroalltags fehlte bisher. *Der Karriereführerschein* beseitigt diesen Missstand, denn er vereint die wichtigsten Empfehlungen in einem Werk.

Die Aufgabe eines Fahrlehrers ist es, seinen Schülern den Inhalt der Straßenverkehrsordnung beizubringen und sie darin zu unterrichten, ein Auto sicher zu lenken. Und so ist es auch mein Ziel, Ihnen all jene Fähigkeiten zu vermitteln, die Sie benötigen, um professionell, effizient, effektiv und damit erfolgreich im Büro zu arbeiten und so letztendlich auch Karriere zu machen. Freilich ist es zudem erforderlich, sich praktische Fahrkenntnisse zu verschaffen – dies fällt jedoch viel leichter, wenn Sie zuvor die theoretische Führerscheinprüfung absolviert, also dieses Buch gelesen haben. Dabei ist auch klar: Ebenso wie im Straßenverkehr muss man stets aufmerksam sein. So kann es in manchen – gefährlichen – Situationen lebensrettend sein, die Regeln außer Acht zu lassen. Und: Man muss stets damit rechnen, dass sich andere Verkehrsteilnehmer nicht regelkonform verhalten.

Noch einige Hinweise zu den Verkehrsschildern, die Ihnen im Buch begegnen werden:

An vielen Stellen erwarten Sie Schritt-für-Schritt-Anleitungen, die Ihnen helfen, die entsprechenden Methoden oder Instrumente systematisch anzuwenden.

Mit einem Vorfahrtsschild gekennzeichnet sind jene Tipps und Hinweise, die – ohne einen übermäßigen Aufwand zu verursachen – eine große Wirkung zeigen.

Das Unfallgefahr-Schild weist Sie auf heikle Situationen hin, bei denen Sie aufpassen sollten. Hier ist besondere Vorsicht geboten.

Wie Sehenswürdigkeiten am Rande der Straße gibt es auch manche Themen, die zwar nicht unmittelbar auf der Route liegen, aber dennoch von Interesse sind. Auf diese verweist das Pfeil-Symbol.

Selbstverständlich müssen Sie dieses Buch nicht von vorn bis hinten lesen – jedes Kapitel und jeder Abschnitt ist für sich allein verständlich. So können Sie jederzeit bei Bedarf nachlesen, was Sie gerade wissen möchten.

Ich wünsche mir, dass der Karriereführerschein – ebenso wie der Straßenverkehrsführerschein – Ihr berufs- und lebenslanger Begleiter wird und Ihnen hilft, Ihr Karriereziel schnell und sicher zu erreichen.

Ihr Fahrlehrer
Dr. Martin-Niels Däfler
Heigenbrücken, im Herbst 2010

Die Karriereverkehrsordnung

Karriere zu machen setzt etliche konkrete Kenntnisse voraus. So wie der Fahrer eines Autos wissen muss, was ein rundes, rotes Schild mit weißem Querbalken bedeutet, wie viele Meter Abstand man auf der Autobahn zum Vordermann halten sollte und wann die Nebelschlussleuchte eingeschaltet werden darf, genauso sollten Berufstätige auch über eine Reihe grundlegender Kenntnisse in Sachen Arbeitstechniken, Umgangsformen und Kommunikation verfügen. Darüber erfahren Sie in den folgenden Kapiteln mehr.

Zunächst jedoch geht es um die Gebote der Karriereverkehrsordnung. Wer diese befolgt, kommt im »Berufsverkehr« wesentlich zügiger voran. Wohlgemerkt kann es in einigen Situationen erforderlich sein, auch mal ein Gebot kurzzeitig zu ignorieren. Wenn etwa auf der Autobahn plötzlich ein Lastwagen vor Ihnen bremst, dann dürfen Sie zur Vermeidung eines Unfalls auch rechts überholen – aber eben nicht im Normalfall. Im Gegensatz zum Straßenverkehr hat eine unnötige Zuwiderhandlung im Büroverkehr zwar selten rechtliche Konsequenzen, wohl aber kann man sich erhebliche Beulen holen. In diesem Sinne ist die folgende Karriereverkehrsordnung zu verstehen: als Leitplanke für jeden Verkehrsteilnehmer. Wer sich an die einzelnen Vorschriften hält, wird sicher und schnell an sein Ziel gelangen.

§1 Der Fahrer hat sich jederzeit rücksichtsvoll zu verhalten. In Paragraf 1, Absatz 1 der Straßenverkehrsordnung heißt es: »Die Teilnahme am Straßenverkehr erfordert ständige Vorsicht und gegenseitige Rücksicht.« Das Gleiche trifft auf Ihr Verhalten als Mitarbeiter in Unternehmen, Behörden, Verbänden, Organisationen, Praxen oder Kanzleien zu. Ein rücksichtsvoller, höflicher Umgang mit seiner Umwelt zeugt davon, dass man seinen Mitmenschen Respekt entgegenbringt. Ein modernes Verständnis von Höflichkeit heißt jedoch nicht, dass man strikt althergebrachte, gesellschaftliche Normen befolgt. Es bedeutet vielmehr, dass man – seinem gesunden Menschenverstand, seinem Herzen und seiner Kinderstube folgend – aufmerksam und hilfsbereit ist. Dazu gehört zum Beispiel, dass man

- Bitte und Danke sagt,
- grüßt, wenn man jemanden sieht,
- fragt, wenn man etwas möchte,
- Versprechen und Zusagen einhält,
- pünktlich zu Terminen erscheint,
- alle Menschen – egal, ob Fahrradkurier oder Vorstand – gleichermaßen zuvorkommend behandelt,
- sich entschuldigt, wenn man jemanden angerempelt hat,
- anderen die Tür aufhält oder
- in der Warteschlange der Kantine nicht drängelt.

Neben solchen allgemeinen Höflichkeitsregeln sind im Beruf einige spezielle »Gebote« zu berücksichtigen – sie werden im Kapitel *Umgangsformen* erläutert.

§ 2 Der Fahrer hat der Freundlichkeit Vorfahrt zu gewähren. Die Freundlichkeit, die wir selbst von anderen erwarten, sollten wir auch unseren Mitmenschen entgegenbringen. Das Schöne dabei: Wer freundlich ist, nutzt sich selbst am meisten. Denn längst ist erwiesen, dass Freundlichkeit Türen und Herzen öffnet.

Mittlerweile weiß man auch: Die Beziehungsebene bestimmt die Inhaltsebene. Konkret bedeutet das, dass Sie Ihre Ziele leichter verwirklichen, wenn Ihr Gegenüber Sie mag. Je wohler sich jemand in Ihrer Nähe fühlt, desto eher ist sie oder er bereit, Ihre Anregungen ernst zu nehmen. Das einfachste und zugleich wirkungsvollste Erfolgsgesetz lautet daher: Seien Sie freundlich.

Allerdings sollte man nicht den Fehler begehen und Nettigkeit mit Naivität verwechseln – freundlich sein bedeutet nicht, dass man sich von seinen Kollegen und Vorgesetzten beliebig ausnutzen lässt, sondern meint eine liebenswürdige Grundhaltung, mit der man seiner Umwelt gegenübertritt.

§3 Der Fahrer darf sein Fahrzeug nicht frisieren. Einige Karriereratgeber empfehlen ihren Lesern, sich in bestimmten Situationen nach bestimmten Mustern zu verhalten oder ein bestimmtes Verhalten zu zeigen – und zwar unabhängig von der eigenen Persönlichkeit. Die Aussage lautet vereinfacht gesagt: »Werde Schauspieler, vom Bewerbungsgespräch bis zur Gehaltsverhandlung.« Mal abgesehen davon, dass viele Menschen nur über sehr eingeschränkte darstellerische Fähigkeiten verfügen, sind solche Empfehlungen höchst gefährlich. Denn langfristig kann man seinen Charakter ohnehin nicht verbergen.

Wie viel ehrlicher ist es da, von Anfang an Farbe zu bekennen. Wer schüchtern ist, sollte nicht den starken Mann mimen, und wer eher ein Einzelgänger ist, sollte nicht auf Teamplayer machen. Mit anderen Worten: Seien Sie authentisch, seien Sie Sie selbst. Das wirkt glaubwürdig, und Sie müssen keine Energie aufwenden, um täglich von neuem Ihrer Rolle gerecht zu werden. Wohlgemerkt soll dieses Gebot jedoch nicht als Ausrede missverstanden werden. An der Entwicklung der eigenen Persönlichkeit zu arbeiten und zu versuchen, eventuell vorhandene Schwächen zu beseitigen – das ist ein Imperativ für jeden, der vorwärts kommen möchte.

§4 Der Fahrer hat stets für einwandfreie Sicht zu sorgen. Nur wer eine klare Sicht hat, kann das Wesentliche erkennen. Was für den Straßenverkehr zutrifft, hat auch im Berufsleben Gültigkeit – wobei »klare Sicht« hier in einem übertragenen Sinn mit Ordentlichkeit gleichgesetzt werden soll. Ordentlich zu sein hat nichts mit Pedanterie oder Perfektionismus zu tun, sondern ist eine Grundbedingung für professionelles Arbeiten. Und mehr als das: Die äußere Ordnung ist Voraussetzung für innere Ordnung und damit für Zufriedenheit und Leistungsfähigkeit, denn sie ist nicht nur ein Abbild unserer inneren Ordnung, sondern beeinflusst diese auch maßgeblich.

Eine Umgebung, die unordentlich und ungemütlich wirkt, in der alles, was herumliegt, den Aufkleber »zu erledigen« zu tragen scheint, in einer solchen Umgebung fällt es schwer, sich auf die wirklich entscheidenden Dinge zu konzentrieren. Eine solche Umgebung macht unausgeglichen und verursacht Stress. Ordentliche Menschen hingegen steigern ihr Wohlbefinden und sparen viel Zeit, die sie dann anderweitig nutzen können. Wie Sie Ordnung im Arbeitsalltag erreichen, erfahren Sie im Kapitel *Persönliche Arbeitstechniken.*

§5 Der Fahrer hat den Weisungen interner Verkehrsordnungen Folge zu leisten. Egal, bei welcher Art von Firma oder Organisation Sie arbeiten – ob Industriekonzern, mittelständisches Maschinenbauunternehmen, Beratungshaus oder Stadtverwaltung: Befolgen Sie stets alle geschriebenen und ungeschriebenen Regeln, die Ihr Arbeitgeber erlassen hat. Diese sind genauso wichtig wie die Gebote der Karriereverkehrsordnung.

So sollte es selbstverständlich sein, dass man während der Arbeitszeit

- nicht private Korrespondenz erledigt oder den nächsten Urlaub plant,
- nicht im Internet surft,
- sein privates Handy ausgeschaltet lässt, zumindest jedoch auf Vibrationsalarm umstellt,

- nicht seine Reisekostenabrechnung frisiert oder
- sich nicht für den privaten Gebrauch aus dem Büromateriallager bedient.

Ebenso klar ist es, dass Sie weder intern noch in der Öffentlichkeit schlecht über Ihren Arbeitgeber, Ihre Vorgesetzten oder Kollegen reden sollten.

Außerdem gilt die Vorschrift: Behandeln Sie alle firmeninternen Informationen vertraulich. Sie sind stets dann gegenüber Ihrem Arbeitgeber, Ihren Kunden und Ihren Partnern (Lieferanten, Banken, Beratern) dazu verpflichtet, Daten und Erkenntnisse für sich zu behalten, wenn deren Weitergabe den jeweils Betroffenen schaden könnte. Natürlich existiert eine Grenze, und zwar dort, wo Sie Mitwisser oder Zeuge illegaler Machenschaften werden. Auch wenn Sie sich juristisch, ethisch und emotional in einer Zwickmühle befinden mögen: Dulden Sie niemals inkorrekte Verhaltensweisen. Sie machen sich dadurch zum Mittäter.

§ 6 Der Fahrer darf andere Verkehrsteilnehmer nicht gefährden. Es gab einmal eine Phase, da war das Machiavelli-Prinzip groß in Mode. Die Devise lautete: Voran kommt nur der, der rücksichtslos seine Ziele verfolgt. Mittlerweile hat sich herumgesprochen, dass dies keine dauerhaft erfolgversprechende Strategie ist. Nachhaltig erfolgreich ist vielmehr derjenige, der sich im Umgang mit seinen Mitmenschen fair verhält.

Fairness drückt sich durch achtsames Verhalten gegenüber sich selbst und gegenüber anderen aus. Fair zu sein heißt zum Beispiel, Klatsch und Tratsch am Arbeitsplatz zu vermeiden oder Unstimmigkeiten mit anderen immer unter vier Augen zu klären. Fair zu sein setzt bestimmte Fähigkeiten voraus, nämlich Ehrlichkeit, Selbstvertrauen, Rücksichtnahme, Einfühlungsvermögen (Empathie) sowie die Fähigkeit, verlieren zu können. Es kommt eben nicht nur darauf an, was wir tun, sondern vor allem, wie wir es tun. Fairness mag manchmal nachteilig für einen selbst sein. Dennoch sollten Sie den Verlockungen widerstehen, einen (vorübergehenden) Vorteil durch unfaires Verhalten zu erlangen, und sich vielmehr darin üben, ehrlich und gerecht zu sein. Sie werden sehen: Langfristig fahren Sie damit besser.

§7 Der Fahrer hat sein Fahrzeug stets in einem verkehrssicheren Zustand zu halten. Wer am Straßenverkehr teilnehmen möchte, muss ein taugliches Fahrzeug besitzen. Und wer am Berufsleben teilnehmen will, muss einen »tauglichen Körper« und eine »taugliche Seele« besitzen. Etwas weniger salbungsvoll: Sie müssen physisch und psychisch fit sein. Was nutzen Ihnen die besten fachlichen Voraussetzungen, wenn Sie nicht belastbar sind? Gerade in jungen Jahren sollte man deshalb seine Energie nicht nur dafür einsetzen, möglichst schnell die Karriereleiter hochzuklettern. Genauso wichtig ist es, Zeit in den eigenen Körper und in die eigene Gesundheit zu investieren, denn sonst wird man später Zeit haben müssen, krank zu sein. Betreiben Sie also regelmäßig Sport, ernähren Sie sich ausgewogen, und trinken Sie viel (Wasser, Tee). Längst ist bekannt, dass raffinierter Zucker, Fast Food und Weißmehl der Gesundheit und der Stimmung (!) abträglich sind. Verzichten Sie also auf den Schokoriegel in der Frühstückspause, und wählen Sie in der Kantine statt Currywurst auch mal einen Salatteller.

Von ebenso hoher Bedeutung wie die körperliche Fitness ist die mentale. Die Aufforderung lautet: Denken Sie positiv. Das ist eine psychologisch und neurologisch hinreichend bewiesene Erkenntnis. Wer positiv denkt, erreicht seine Ziele viel eher als jemand, der nicht an sich glaubt. Eine positive Grundhaltung verleiht innere Stabilität und macht zufriedener. Man lässt sich nicht bei jeder Abweichung aus dem Gleichgewicht bringen und kann die »kleinen Katastrophen« des Alltags einfacher meistern. Wer positiv denkt, lebt zudem gesünder, hat mehr Spaß an der Arbeit und wirkt auf sein Umfeld angenehmer.

Wenn es doch so einfach wäre. Einem Pessimisten zuzurufen: »Denk doch positiv!«, funktioniert nicht mal eben so (siehe § 3).

Eine positive Grundhaltung hängt nämlich von mehreren Faktoren ab, unter anderem von der persönlichen Betrachtungsweise, von der eigenen Erwartungshaltung und von der sogenannten »Selbstverbalisation«. An diesen Punkten muss angesetzt werden. Reden Sie sich daher nicht selbst schlecht, sagen Sie also nicht: »Das schaffe ich nie«, sondern formulieren Sie so: »Wenn ich mich anstrenge, dann gelingt es.« Versuchen Sie stets, eine (scheinbar) negative Situation anzuerkennen (»Ich habe den Auftrag verloren«) und dann die positive Seite zu sehen (»Dann habe ich eben mehr Zeit für Projekt XY«). Und: Hängen Sie Ihre Erwartungen nicht zu hoch. Konzentrieren Sie Ihre Kraft auf das Positive.

§8 Der Fahrer darf sein Fahrzeug nicht überladen. Fahrzeuge, die ihr zulässiges Gesamtgewicht überschreiten, stellen eine Gefahr für den Verkehr dar. So ist es auch mit Menschen. Man darf sich nicht mehr zumuten, als man tragen kann. Konkret heißt das: Achten Sie auf Ihre Work-Life-Balance. Versuchen Sie, ein ausgewogenes Verhältnis von Berufs- und Privatleben zu erreichen. Dahinter steht der Gedanke: Wer zu viel Energie und Zeit in seinen Beruf investiert, im Privatleben aber kaum Freunde oder Hobbys hat oder die Familie vernachlässigt, wird langfristig unzufrieden und ist irgendwann ausgebrannt. Spätestens im Alter fehlt dann der notwendige Rückhalt und Ausgleich.

Ein harmonisches Zusammenspiel von Beruf und Privatleben ist für die meisten Menschen Voraussetzung dafür, Erfüllung zu finden. Freilich: Die Schwerpunkte für die einzelnen Lebensbereiche ändern sich im Leben. Dennoch gilt stets, dass jeder Bereich zu seinem Recht kommen sollte. Fragen Sie sich daher regelmäßig selbst – und auch Ihre Familie und Ihre Freunde –, ob Sie Ihre Zeit und Ihr »emotionales Engagement« fair aufteilen.

Umgangsformen

Guter Ton, Benehmen, Stil, Knigge, Manieren: Für gute Umgangsformen existieren zahlreiche Synonyme. Egal, welchen Begriff man wählt – klar ist, dass angemessene Verhaltensweisen auch im Beruf gefordert werden. Wer das kleine Etikette-Einmaleins nicht beherrscht, bleibt auf der untersten Karrierestufe stehen. Wohl gemerkt: Es kommt nicht darauf an zu wissen, aus welchem Glas man einen Sherry trinkt oder wie ein Honorarkonsul korrekt angesprochen wird. Was zählt, ist ein sicheres und höfliches Auftreten im Alltag. Machen Sie sich bewusst: Gute Umgangsformen sind kein Relikt aus längst vergangenen Zeiten, sondern heute aktueller denn je. Verhaltensregeln erleichtern das Zusammenleben, entschärfen Konfliktsituationen und zeigen dem Gegenüber, dass man ihm Wertschätzung entgegenbringt.

Wie verhalte ich mich im neuen Job?

Wunderbar – das Bewerbungsgespräch war erfolgreich, Sie haben den Job. In ein paar Wochen steht der erste Tag beim neuen Arbeitgeber an. Diese oder ähnliche Fragen gehen Ihnen dann sicherlich durch den Kopf: Was erwartet mich? Wie werden die Kollegen sein? Wie sieht mein Büro aus?

Entsprechendes gilt, wenn Sie befördert oder in eine andere Abteilung beziehungsweise in einen anderen Firmenbereich versetzt werden. Die Situation ist stets die gleiche: Es ist, als ob Sie in einer völlig fremden Großstadt Auto fahren müssten und keine Ahnung von den dortigen Gegebenheiten haben.

Egal, ob neuer Arbeitgeber, neues Aufgabengebiet oder neue Abteilung: Ihr Auftreten in den ersten Tagen, ja, in den ersten Stunden, ist maßgeblich dafür verantwortlich, wie Sie von Ihren Kollegen auf- und angenommen werden. Hier gilt die alte Weisheit: Der erste Eindruck ist entscheidend.

Halten Sie eine Einführungsrede. Sofern Sie offiziell im Kollegenkreis vorgestellt werden, erwartet man von Ihnen selbstverständlich ein paar Worte der Begrüßung. Dieser Auftritt ist außerordentlich wichtig für Sie. Zunächst: Ziehen Sie sich bewusst dezent beziehungsweise branchenüblich an (siehe weiter unten den Abschnitt *Wie soll ich mich kleiden?*). Bereiten Sie Ihre kurze Rede sorgfältig vor. Berichten Sie aus Ihrem Leben – aber nicht langweilig, sondern spannend. Lassen Sie unwichtige Stationen aus, und konzentrieren Sie sich auf die Höhepunkte Ihres bisherigen Berufslebens. Sagen Sie, warum Sie sich bei Ihrem neuen Arbeitgeber beworben haben und warum Sie denken, für die Stelle geeignet zu sein. Erzählen Sie auch etwas über sich persönlich: Was machen Sie in Ihrer Freizeit? Haben Sie Familie? Aber bitte nur kurz und unverfänglich. Das Minimalziel Ihrer Begrüßungsrede sollte sein, dass Ihre neuen Kollegen in Ihnen keine Bedrohung sehen. Wenn es Ihnen darüber hinaus noch gelingt, ein paar Sympathiepunkte zu sammeln, dann haben Sie schon viel gewonnen.

Wenden Sie die Sherlock-Holmes-Strategie an. In den ersten Wochen werden vor allem zwei Fähigkeiten von Ihnen verlangt – Sie müssen einerseits genau beobachten und andererseits klug kombinieren. Etwas konkreter heißt das: Versuchen Sie herauszufinden,

- wie das »inoffizielle« Machtgefüge ist,
- wie die Arbeitsabläufe sind,

- wer wann kommen und gehen darf,
- wie man sich zu kleiden hat,
- wie die Stimmung in der Abteilung ist,
- wer mit wem eine Rechnung offen hat und
- ob es üblich ist, die Bürotür offen stehen zu lassen.

Was Sie nicht durch Beobachtung herausfinden, das sollten Sie erfragen – allerdings ohne zu bewerten. Also nicht: »Warum machen Sie das denn *so*?« Sondern: »Wie ändere ich mein Kennwort?« Und natürlich fragen Sie nicht plump: »Hatte die Bretzke mal was mit dem Chef?«

Erst, wenn Sie alle für Ihre Arbeit wichtigen Fragen geklärt haben, dürfen Sie erste, vorsichtige Vorschläge unterbreiten oder Maßnahmen veranlassen. Und genau, wie der berühmte Detektiv es getan hat, sollten Sie sich mit voreiligen Schlussfolgerungen zurückhalten. Nicht immer ist der erste Verdächtige auch der Täter …

Ermitteln Sie, worin genau Ihre Aufgabe besteht. Scheuen Sie nicht davor zurück, Ihren Vorgesetzten zu fragen, warum man Sie geholt hat und welche konkreten Ergebnisse man von Ihnen in den nächsten Wochen und Monaten erwartet. Fragen Sie auch – auf einer etwas abstrakteren Ebene –, worin Ihr Chef Ihre Aufgabe sieht: Sollen Sie lediglich eine genau umrissene Tätigkeit erledigen (beispielsweise Lieferanten bewerten) oder erwartet man von Ihnen mehr? Sollen Sie frischen Schwung in die Abteilung bringen? Prozesse hinterfragen? Ideen generieren? Erbitten Sie nach einem Monat, spätestens nach sechs Wochen, ein Feedback von Ihrem direkten Vorgesetzten: Was lief aus seiner Sicht gut? Wo sollten Sie mehr Akzente setzen? Wenden Sie sich ebenfalls an Ihre Kollegen: Welche Hinweise haben diese für Sie? Fragen Sie ganz offen: »Dürfte ich Sie einmal um Ihren Rat bitten: Was, glauben Sie, könnte ich künftig noch besser machen?«

Kritisieren Sie nicht in den ersten Wochen

Wie gerade schon angedeutet: Halten Sie sich mit (gut gemeinten) Hinweisen, Ideen und Verbesserungsvorschlägen mindestens einen Monat lang zurück. Sonst erlangen Sie im Kollegenkreis schnell den Ruf des Besserwissers. Treten Sie eher ruhig und sachlich auf, statt Ihre eventuelle Unsicherheit mit Coolness oder gar Arroganz zu überspielen.

Sehen Sie die ersten drei Monate als Lernphase. Üblicherweise gibt man Berufsanfängern und Jobwechslern etwa drei Monate Zeit, bis man von ihnen konkrete Ergebnisse erwartet. Überstürzen Sie also nichts, und verfallen Sie nicht in Aktionismus, sehen Sie die ersten zwölf Wochen aber auch nicht als gemütliche Eingewöhnungsphase. Formulieren Sie nach ein paar Wochen erste, vorsichtige Vorschläge, am besten als Frage verpackt, etwa: »Weshalb werden die Kundendienstberichte auf Papier erstellt?«

Werden Sie nicht zu privat. Sprechen Sie nie über persönliche Probleme, seien sie finanzieller, partnerschaftlicher oder sonstiger Natur. Dies gilt nicht nur in den ersten Wochen und Monaten, sondern generell. Allerdings heißt das nicht, dass Sie mit jeglichen privaten Informationen zurückhaltend sein sollen. Berichten Sie über Ihre Hobbys, erzählen Sie von Ihren Urlauben, erwähnen Sie, was Sie am Wochenende vorhaben oder was Sie besonders gern essen – schneiden Sie also in der Kantine oder beim gemeinsamen Kaffee unverfängliche Themen an. Je mehr Sie sich öffnen, desto eher werden es auch Ihre Kollegen tun und desto eher entstehen Beziehungen.

Bauen Sie mit möglichst vielen Kollegen einen ersten, lockeren Kontakt auf. Versuchen Sie, sich in der Kaffeepause oder in der Kantine zu jeweils neuen Personen zu setzen (siehe nächster Abschnitt *Wie begrüße ich andere?*). Auf diese Weise machen Sie sich rasch bekannt und haben den ersten Schritt zum Aufbau Ihres eigenen Netzwerkes getan. Wenn Sie jemanden neu kennengelernt haben, notieren Sie sich den Namen und die Funktion.

Lassen Sie sich jedoch nicht sofort von Interessensgruppen vereinnahmen, und hüten Sie sich davor, in bereits bestehende, abteilungsinterne Machtkämpfe verwickelt zu werden. In solchen Fällen ziehen Sie sich aus der Affäre mit Sätzen wie: »Dazu kann ich im Moment noch keine Stellung beziehen.«

Feiern Sie Ihren Einstand erst nach der Probezeit. Auch wenn Sie das Gefühl haben, alles läuft rund, und einer Festanstellung steht nichts im Wege: Warten Sie dennoch mit Ihrem offiziellen Einstand so lange, bis die Probezeit beendet ist. Wenn es dann so weit ist, dann beachten Sie Folgendes:

- Feiern Sie Ihren Einstand nur, wenn dies in Ihrer Abteilung auch üblich ist.
- Fragen Sie Ihre Kollegen, wie normalerweise gefeiert wird: Zu welcher Tageszeit? Mit oder ohne Alkohol? Mit belegten Schnittchen oder Lachs-Canapés?
- Ermitteln Sie, ob Ihr Vorgesetzter ein paar Worte sprechen wird.
- Überlegen Sie, ob Sie eventuell zusammen mit anderen neuen Kollegen Ihren Einstand feiern können.

Wie begrüße ich andere?

Nicht nur in den ersten Wochen im neuen Job, sondern während des gesamten Berufslebens trifft man innerhalb der Firma und bei Außenterminen ständig neue Menschen: Kollegen, Kunden, Lieferanten, Partner, Berater, Politiker, Pressevertreter und so weiter. Ob beim Kundentermin, in der Seminarpause oder beim Neujahrsempfang der Industrie- und Handelskammer: Sich korrekt vorzustellen und andere formal richtig zu begrüßen ist ein Zeichen von Professionalität und Stilsicherheit. Hier finden Sie die dafür geltenden Regeln.

Beachten Sie die »Grüß-Ordnung«. Es ist üblich, dass

- der Mitarbeiter den Vorgesetzten zuerst grüßt,
- der Jüngere den Älteren zuerst grüßt und
- der Herr die Dame zuerst grüßt. Beachten Sie aber bitte, dass im geschäftlichen Umgang die hierarchische Stellung Vorrang vor der Geschlechterfrage hat: Die Sekretärin grüßt also den Chef und nicht umgekehrt. Selbstverständlich darf man jedoch als Vorgesetzter auf dieses Privileg verzichten und seine Mitarbeiter zuerst grüßen.

Ansonsten gilt: Wer zuerst jemanden sieht, grüßt zuerst. Wenn Sie sitzen, sollten Sie sich bei der Begrüßung erheben. Während man früher Damen erlaubte, sitzen zu bleiben, so gilt heute, dass sowohl Herren als auch Damen bei der Begrüßung aufstehen.

▶ Sprechen Sie Ihr Gegenüber namentlich an

Wenn Sie den Namen des zu Grüßenden kennen, so verwenden Sie diesen bitte auch. Und wenn der Angesprochene einen Doppelnamen hat, so sollten Sie diesen auch immer in voller Länge aussprechen, selbst wenn es sich komisch anhört. ◀

Wenn der zu Grüßende einen akademischen Grad hat, so verwenden Sie diesen auch in der Anrede (»Herr Doktor Schmitz«). Bei mehreren akademischen Graden wird nur der höchste genannt.

So wird Herr Professor Dr. Hermeier mit »Herr Professor Hermeier« angeredet. Bitte lassen Sie »Herr« und »Frau« nicht weg.

Wenn Sie Kollegen oder Vorgesetzte bereits einmal gegrüßt haben, so müssen Sie es im weiteren Tagesverlauf nicht jedes Mal erneut tun, ein kurzes Kopfnicken ist dann völlig ausreichend. Wenn Sie sich nicht mehr erinnern, ob Sie schon gegrüßt haben – lieber einmal zu viel als zu wenig.

Auch, wenn Sie beim Begrüßen nicht die Hände schütteln, so gehören diese doch aus den Hosentaschen. Früher zeigte man mit dieser Geste, dass man keine Waffe versteckt hat, heute ist es einfach ein Zeichen des Respekts.

Die Herrentoilette ist ein Sonderfall: Am Pissoir ist ein Gruß kein Muss, im Vorraum gelten jedoch die normalen Begrüßungsregeln.

Beachten Sie die »Schüttel-Ordnung«. In Deutschland ist es üblich, sich die Hand zum Gruß zu geben, in manchen anderen Ländern hingegen nicht. Wenn Sie Hände schütteln, dann setzen Sie gegebenenfalls Ihre Sonnenbrille ab, nehmen Sie beide Hände aus den Hosentaschen, schauen Sie Ihrem Gegenüber in die Augen, halten Sie ungefähr eine Armlänge Abstand, und achten Sie auf einen festen Händedruck. Auch hier ist festgelegt, wer den ersten Schritt machen sollte:

- Der Vorgesetzte gibt dem Mitarbeiter die Hand.
- Der Gastgeber gibt dem Gast die Hand.
- Der Neuankömmling gibt den Anwesenden die Hand.
- Der Ältere gibt dem Jüngeren die Hand.

Menschen, die man gut kennt, aber denen man nicht täglich begegnet, sollte man zur Begrüßung die Hand reichen. Generell gilt: Der »Ranghöhere« entscheidet, wem er die Hand reicht und wem nicht, wobei Gäste oder Kunden als ranghöher gelten.

Begrüßen Sie fremde Gesprächspartner mit der »GNU-Formel«. Die GNU-Formel besteht aus folgenden drei Schritten:

- **G**_ruß:_ »Guten Tag!«
- **N**_ame:_ »Ich bin Max Müller und bei der Sparkasse Aschaffenburg für die IT verantwortlich.« Es ist heute international üblich, sich mit Vor- und Nachnamen vorzustellen. Akademische Grade sollten Sie jedoch nicht nennen.
- **U**_nterhaltung:_ »Ich hätte nicht gedacht, dass es so viele Teilnehmer sind.« – »Das war doch eine sehr gelungene Rede, oder?« – »Das Catering ist ja wieder erstklassig.«

Stellen Sie sich untereinander fremde Gäste gegenseitig vor. Die Grundregel lautet: Dem Ranghöchsten wird vorgestellt. Das heißt, dass der Mitarbeiter dem Vorgesetzten, der Mitarbeiter dem Kunden und die jüngere Person der älteren vorgestellt wird. Ansonsten werden Hinzukommende stets den Anwesenden vorgestellt. Wenn Sie Ihre Gäste miteinander bekannt machen, dann verzichten Sie bitte auf die Wendung: »Darf ich Ihnen Frau Schmidt vorstellen?« Das ist altmodisch, denn »vorstellen« ist etwas Einseitiges. Verwenden Sie stattdessen besser diese Formulierung: »Darf ich Sie miteinander bekannt machen – Frau Schmidt ...«

▸ Nehmen Sie Visitenkarten achtsam entgegen

Wenn Sie eine Visitenkarte überreicht bekommen, nehmen Sie diese mit Ihrer rechten Hand entgegen. Lesen Sie die Visitenkarte aufmerksam durch; stecken Sie sie nicht achtlos weg, sondern lassen Sie die Visitenkarte auf dem Tisch liegen beziehungsweise behalten Sie sie in der Hand. Eine Karte entgegenzunehmen und selbst keine herauszugeben, gilt als unhöflich. Sollten Sie einmal Ihre Visitenkarte vergessen haben, so entschuldigen Sie sich bei Ihrem Gegenüber dafür. Und wenn das Gespräch beendet ist: Lassen Sie die Visitenkarte niemals liegen, sondern stecken Sie sie ein. ◂

Prägen Sie sich den Namen Ihres Gegenübers ein. Wenn Sie keine Visitenkarte von Ihrem Gesprächspartner erhalten: Konzentrieren Sie sich, und hören Sie genau hin.

- Fragen Sie im Zweifelsfall nach. »Entschuldigung, ich habe Ihren Namen nicht ganz verstanden.« Wiederholen Sie gegebenenfalls den Namen: »Spreche ich Ihren Namen so korrekt aus: … ?« Oder: »Wie schreibt man das?«
- Wiederholen Sie den Namen öfter, solange Sie ihn noch im Ohr haben.
- Schauen Sie Ihren Gesprächspartner intensiv an – ohne ihn anzustarren –, und versuchen Sie, ihre beziehungsweise seine Augenfarbe zu erkennen. So prägen Sie sich automatisch auch das Gesicht ein.
- Schreiben Sie sich möglichst schnell den Namen auf.

Geleiten Sie Ihren Gast. Wenn Sie Besucher in Ihrem Unternehmen empfangen, so holen Sie diese am Eingang beziehungsweise im Wartebereich ab und führen sie in Ihr Büro oder den Konferenzraum. In diesem Fall dürfen Sie vorangehen, da Sie ja den Weg kennen, Ihr Besucher jedoch nicht. Sollte Ihr Gast zur Toilette müssen, so warten Sie nicht genau vor der Tür, um ihn wieder abzufangen. Halten Sie sich in ein paar Metern Entfernung auf. Wenn Ihr Termin beendet ist, dann ist es ein Zeichen von Höflichkeit, Ihren Gast wieder bis zum Ausgang zu begleiten.

Verabschieden Sie sich freundlich. Häufig wird übersehen, dass nicht nur das Sprichwort »Der erste Eindruck zählt« Gültigkeit besitzt, sondern auch die Feststellung »Der letzte Eindruck bleibt«. Verabschieden Sie sich also bewusst und freundlich von Ihrem Gesprächspartner. Sprechen Sie ihn (nochmals) mit seinem Namen an, und danken Sie für das Gespräch, die guten Ergebnisse, die Sie erzielt haben, die kurzweilige Unterhaltung, die Informationen, die Sie erhalten haben, die Einladung und so weiter. Wenn das Gespräch länger dauern sollte als geplant und Sie unter Zeitdruck geraten, dann wenden Sie folgende Methoden an:

- Fassen Sie die Gesprächsinhalte zusammen (»Dann schicke ich Ihnen also …«).
- Sprechen Sie keine neuen Themen an.
- Verwenden Sie die Vergangenheitsform (»Ihre Hinweise waren sehr wertvoll …«).
- Ordnen Sie Ihre Unterlagen und verstauen Sie Ihren Stift.
- Wenn all das nichts nützt: Sagen Sie offen, dass Sie einen dringenden Folgetermin haben (»Ich bitte um Ihr Verständnis, wenn ich zum Ende kommen muss. Ich habe um 15 Uhr eine Konferenz …«).

Wie soll ich mich kleiden?

Die Bedeutung, die Kleidung für das Image einer Person hat, wird immer noch unterschätzt. Menschen beurteilen einander zunächst einmal nach ihrem Äußeren. Das mag bedauerlich oder verwerflich sein, aber es ist ein Fakt. Kleider machen eben Leute. Das heißt für Sie: Legen Sie höchsten Wert auf Ihr Erscheinungsbild. Die meisten Firmen verzichten zwar auf (schriftlich formulierte) Kleidervorschriften, dennoch sollten Sie folgende Empfehlungen berücksichtigen.

Bedenken Sie, dass Kleidung eine Form der Kommunikation ist. Mit dem, was Sie anziehen, geben Sie Ihrer Umwelt Informationen über sich preis: Verschmutzte Schuhe, zu kurze Hosen, knittrige Hemden, kitschige Krawatten oder ein altmodisches Kostüm sprechen nicht gerade für den Träger. Halten Sie sich an den Grundsatz: Kleiden

Sie sich nicht für den Job, den Sie haben, sondern für den, den Sie haben wollen.

Kleiden Sie sich branchen- und firmenüblich. Die Kleiderordnung variiert von Branche zu Branche – etwas konservativer im Finanzdienstleistungsbereich, lockerer hingegen in der Werbung. Schauen Sie sich zur Orientierung die Kleidung der Kollegen an, und verlassen Sie sich auf Ihr Gefühl.

Kleiden Sie sich dem Anlass entsprechend. Bei besonderen Anlässen – wie etwa Präsentationen, Kundenterminen, Bewerbungs- und Gehaltsgesprächen – sollten Sie sich noch etwas eleganter kleiden als üblich. Als allgemeine Konvention gilt: Je festlicher der Anlass ist, desto dunkler sollte die Kleidung sein.

Pflegen Sie Ihre Kleidung. Wenn Sie einen Anzug tragen (müssen), so sollten Sie diesen nur einen Tag anziehen und dann mindestens zwei Tage auf einem breiten Bügel lüften lassen. Gleiches gilt für Kostüme oder Hosenanzüge. Schuhe sollten ebenfalls im Wechsel einen Tag getragen und einen Tag – auf einem Schuhspanner – in Ruhe gelassen werden.

▶ Vermeiden Sie Stilsünden

Als Mann liegen Sie mit Ihrem Kleidungsstil ordentlich daneben, wenn Sie

- zu eng sitzende Kleidung tragen;
- ein Jackett mit zwei Knöpfen entweder überhaupt nicht oder komplett schließen (richtig: wahlweise ein Knopf wird offen gelassen);
- ein Jackett mit drei Knöpfen entweder überhaupt nicht oder komplett schließen (richtig: unterster Knopf wird offen gelassen);
- ein Button-down-Hemd zum Anzug anziehen (dieses wird normalerweise nicht mit Krawatte getragen);

- Kurzarmhemden anziehen (außer bei außergewöhnlich hohen Temperaturen);
- Motivkrawatten tragen (Comicfiguren, Tiere, und so weiter) oder Krawatten, die über die Gürtelschnalle hinausragen oder deutlich vorher enden;
- Gürtel mit übergroßer oder auffälliger Schnalle tragen;
- kurze Hosen, weiße Socken, Sandalen oder Flip-Flops anziehen.

Als Frau begehen Sie eine Stilsünde, wenn Sie

- zu eng sitzende Kleidung tragen;
- ärmellose Pullis und Blusen wählen;
- zu viel Dekolleté zeigen;
- Kleidungsstücke mit Applikationen anziehen (Blumen, Bärchen, Glitzersteinen und so weiter);
- Röcke tragen, die höher als eine Handbreit über dem Knie enden;
- keine, gemusterte oder (grell-)bunte Strumpfhosen anziehen;
- offene Schuhe tragen;
- zu viel oder zu aufdringliches Parfum auflegen;
- zu viele oder zu aufdringliche Schmuckstücke oder Accessoires tragen;
- farblich nicht zur Kleidung passende Handtasche oder Gürtel auswählen. ◀

Wie verhalte ich mich bei einem Geschäftsessen?

Gute Manieren bei Tisch zeugen nicht nur von einer guten Kinderstube, sondern sind auch unerlässlich, wenn Sie in der Unternehmenshierarchie aufsteigen wollen. Denn je höher eine Position angesiedelt ist, desto häufiger werden Sie auch Geschäfte bei Tisch machen. Wo die Fallstricke lauern, lesen Sie im folgenden »Tischsitten-ABC«.

Alkohol. Zu einem guten Essen gehört in der Regel auch Alkohol. Wenn Sie keinen Alkohol mögen oder nicht vertragen, dann dürfen Sie angebotene Getränke ohne Angabe von Gründen ablehnen. Wenn Ihnen Bier und Wein schmecken, dann dürfen Sie selbstverständlich Ja sagen, wenn Ihnen diese Getränke offeriert werden – mäßigen Sie aber Ihren Alkoholkonsum. Kaum etwas ist peinlicher, als im Beisein von Vorgesetzten oder Kunden betrunken zu sein.

Aperitif. Wählen Sie keine allzu ausgefallenen Getränke – mit einem Prosecco, Campari-Soda oder Martini machen Sie nichts verkehrt. Wenn Sie Ihren Aperitif nicht beenden konnten, bevor es zu Tisch geht, dann nehmen Sie ihn nicht mit an den Tisch, sondern lassen ihn stehen. Wenn Sie den Aperitif am Tisch einnehmen, sollten Sie ihn spätestens dann nicht mehr trinken, wenn Wein serviert wird.

Besteck. Die Grundregel lautet: Es wird von außen nach innen gegessen. Für jeden Gang wird ein neues Besteck verwendet. Sitzen Sie aufrecht, führen Sie das Besteck zum Mund und nicht umgekehrt. Wenn Sie zu Ende gegessen haben, legen Sie Messer und Gabel auf den Teller, und zwar etwa auf die Position »5 Uhr«.

Bezahlen. Wer seinen Gästen gegenüber besonders höflich sein möchte, steht zum Bezahlen auf und erledigt dies ohne das Beisein der Eingeladenen.

Brot. In besseren Restaurants wird zu Vorspeise und Suppe Brot gereicht. Nehmen Sie sich eine (!) Scheibe beziehungsweise ein Brötchen, und zerteilen Sie dieses mit den Händen in kleine Stücke. Schneiden Sie Brötchen nicht auf. Nehmen Sie Butter oder Quark mit dem dafür vorgesehen Messer oder Löffel auf den links von Ihnen stehenden Teller. Bestreichen Sie Ihr Brot immer nur häppchenweise.

Büfett. Warten Sie, bis der Gastgeber das Büfett eröffnet hat. Sie dürfen so oft zum Büfett gehen, wie Sie möchten. Laden Sie sich aber nicht zu viel auf einmal auf den Teller, und nehmen Sie sich jedes Mal einen neuen Teller. Nicht gleichzeitig sollten auf Ihrem Teller sein: Salziges und Süßes, Kaltes und Warmes, Fisch und Fleisch.

Fisch. Fisch wird oft im Ganzen serviert. Entfernen Sie zunächst mit dem Fischbesteck die Flossen, den Schwanz und den Kopf. Klappen Sie dann den Fisch auf, und entnehmen Sie die Gräten. Wenn Sie damit Schwierigkeiten haben, bitten Sie den Kellner, den Fisch für Sie zu filetieren – dies ist allemal professioneller, als ein Schlachtfeld auf dem Teller zu hinterlassen.

Geflügel. Hähnchenschenkel und Ähnliches werden nicht mit der Hand, sondern mit dem Besteck gegessen.

Getränkewunsch. Wenn Sie gefragt werden, was Sie trinken möchten, so sollten Sie übliche Getränke (etwa Wasser, Apfelsaftschorle oder Softdrinks) wählen. Halten Sie sich mit exotischen Wünschen (Ananassaft, Yogi-Tee) zurück, und bringen Sie Ihren Gastgeber nicht in Verlegenheit.

Gläser. Üblicherweise sind die Gläser so angeordnet (von rechts): Wasserglas, Weißweinglas, Rotweinglas. Fassen Sie Sekt- und Weingläser stets am Stiel an. Tupfen Sie sich nach dem Genuss fettiger Speisen vor dem Trinken die Lippen ab, sonst gibt es unschöne Abdrücke am Glas.

Handys. Bei Geschäftsessen sollten Handys ausgeschaltet bleiben, es sei denn, Sie erwarten einen sehr dringenden Anruf. Kündigen Sie dann vorher Ihren Gästen an, dass Sie ausnahmsweise Ihr Telefon eingeschaltet lassen. Sollten Sie nicht auf Ihr Handy verzichten wollen, so behalten Sie es wenigstens in Ihrer Tasche und legen es nicht auf den Tisch.

Jackett. Sie dürfen Ihr Jackett oder Ihre Kostümjacke erst ablegen, wenn der Gastgeber Sie dazu auffordert oder wenn er oder sie es selbst macht.

Kaffee. Führen Sie den Kaffeelöffel nicht zum Mund, um die restliche Flüssigkeit abzulecken. Bringen Sie stattdessen den Löffel über die Tasse, und klopfen Sie zweimal sanft mit dem Stiel des Löffels an den Rand der Tasse. Legen Sie den Löffel neben der Tasse ab, und lassen Sie ihn nicht in der Tasse stehen.

Nudeln. Lange, dünne Nudeln (wie Spaghetti, Makkaroni oder Tagliolini) dürfen nicht in den Mund gesaugt oder geschnitten werden, sondern werden mit der Gabel – gegebenenfalls unter Zuhilfenahme des Löffels – aufgedreht und zum Mund geführt.

Saucen. Auch wenn die Bratensauce noch so lecker war: Wischen Sie sie nicht mit Brot auf. Eventuell liegt ein separater Saucenlöffel parat – danach dürfen Sie auch fragen.

Servietten. Die Serviette soll für einen sauberen Mund und saubere Hände sorgen. Sie ist also nicht dazu da, sich damit die Nase zu putzen oder die Brillengläser zu reinigen. Nehmen Sie die Serviette auf, falten Sie sie einmal in der Mitte, und legen Sie sie mit dem offenen Ende locker auf Ihren Schoß; befestigen Sie sie nicht an Hemd oder Bluse. Um Ihren Mund zu reinigen, nehmen Sie die Serviette, und tupfen Sie damit Ihre Lippen. Wischen Sie nicht. Nach dem Essen gehört die Serviette locker gefaltet auf die Stuhllehne, nicht jedoch auf den Tisch – es sei denn, Ihr Stuhl hat keine Armlehnen, dann darf die Serviette selbstverständlich doch dorthin.

Suppen. Sofern eine Suppe serviert wird und diese noch zu heiß ist, warten Sie, bis diese von allein abkühlt – pusten Sie nicht. Führen Sie den Löffel mit der Spitze zum Mund. Wenn nur noch wenig Suppe im Teller ist, kippen Sie diesen von sich weg und nehmen den Rest mit dem Löffel auf.

Toilette. Wenn Sie zur Toilette müssen, dann kündigen Sie dies nicht lautstark mit der Bemerkung an: »Ich muss mal aufs Klo«, sondern stehen Sie einfach auf und sagen: »Ich darf mich kurz entschuldigen.« Sollten Sie unangenehme Gerüche auf der Toilette hinterlassen haben, so hilft der alte Berghütten-Trick: Maskieren Sie den Gestank, indem Sie ein Streichholz abbrennen – wirkt garantiert. Selbstverständlich waschen Sie vor Rückkehr zum Platz die Hände und hinterlassen das Waschbecken so sauber, wie Sie es vorgefunden haben.

Trinkgeld. In Deutschland ist es üblich, in besseren Restaurants fünf bis zehn Prozent des Rechnungsbetrages als Trinkgeld zu geben. Runden Sie den Betrag entsprechend auf, oder – wenn Sie mit Kreditkarte zahlen – geben Sie Ihr Trinkgeld in bar. Kommentieren Sie die Gabe mit ein paar freundlichen Worten: »Danke für den kompetenten Service.«

Persönliche Arbeitstechniken

Was versteht man unter persönlichen Arbeitstechniken? Nun, im Wesentlichen ist dies ein Oberbegriff für all jene Methoden und Hilfsmittel, die man benötigt, um sich selbst zu organisieren und effektiv sowie effizient arbeiten zu können. Vereinfacht gesagt, kommt es darauf an, die richtigen Dinge (effektiv) richtig (effizient) zu tun. Gelingt dies, so erreicht man seine Ziele einfacher. Wer die wichtigsten Instrumente und Techniken beherrscht, kann Routinetätigkeiten schneller erledigen und hat mehr Zeit für strategische oder bedeutsame Aufgaben, kann also an den Themen arbeiten, die die Karriere befördern.

Wie organisiere ich mich selbst?

Erfolgsmenschen sind meist auch erfolgreiche Manager ihrer selbst. Sie haben es geschafft, ihre Aktivitäten so zu kontrollieren, dass sie Zeit für das Wichtige haben und nicht über Arbeitsüberlastung klagen müssen. Sie haben einen genauen Überblick, und zwar im doppelten Sinn: Sie haben Klarheit auf dem Schreibtisch und im Kopf – beides sind wichtige Voraussetzungen, um Zeit zu sparen. Welche Tricks und Werkzeuge diese Menschen anwenden, erfahren Sie auf den folgenden Seiten.

Halten Sie alles Wichtige schriftlich fest. Die Basis jedes effizienten Zeitmanagements ist die Schriftlichkeit. In Anbetracht der Fülle an

Informationen, die täglich auf einen einströmen, benötigt man entweder ein unfehlbares Gedächtnis oder ein Hilfsmittel. Aufgaben, Gesprächsergebnisse, Ideen und vieles mehr gehen uns durch den Kopf – all das muss schriftlich festgehalten werden, wenn es nicht verloren gehen soll. Die Devise lautet also: Vom Hirn aufs Papier. So schaffen Sie neue Kapazitäten im Kopf und vermeiden Stress.

Führen Sie »Logbuch«

Schreiben Sie Ihre Notizen – wirklich alle – in ein einziges Buch. Dieses Logbuch – wie ich es nenne – sollte das Format DIN A4 und einen festen Einband haben. Sie können dafür Kladden oder auch Schulhefte nehmen. Post-its oder Schmierzettel sind meiner Erfahrung nach wenig empfehlenswert für Notizen, denn sie sind meistens dann unauffindbar, wenn man sie benötigt.

Das Logbuch sollte Ihr steter Weggefährte sein und einen festen Platz auf Ihrem Schreibtisch haben. Wenn Sie unterwegs sind – und sei es nur zu einer firmeninternen Besprechung –, so werden Sie von Ihrem Buch begleitet. Hier nun ein paar Tipps, wie Sie Ihr Logbuch führen sollten:

- Notieren Sie jeden Tag zunächst das aktuelle Datum.
- Markieren Sie, um welche Art von Eintrag es sich handelt (beispielsweise ein »❑« für Aufgabe, ein »☎« für Telefonat, ein »I« für Idee).
- Ziehen Sie am Ende eines Arbeitstages einen Querstrich unter Ihre Einträge.
- Betreiben Sie regelmäßig – spätestens jeden dritten, besser jeden Tag – Buchpflege: Übertragen Sie Ihre handschriftlichen Notizen in Ihre Aufgabenliste, Ihren Kalender, Ihre Adressliste oder Ihre Kundendatenbank. Streichen Sie Erledigtes oder Notizen, die Sie übertragen haben, mit Bleistift durch. So können Sie auch später noch Ihre Aufzeichnungen lesen, erkennen aber, dass Sie sie bearbeitet haben.

- Wenn Sie einzelne Aufgaben oder Punkte nicht abarbeiten konnten, so übertragen Sie diese auf den nächsten Tag. Auf diese Weise verhindern Sie, dass sich auf alten Seiten »Leichen« ansammeln.
- Verwenden Sie Farben, um bestimmte Einträge zu kennzeichnen, unterstreichen Sie etwa besonders dringliche oder wichtige Aufgaben mit rot, oder rahmen Sie Telefonnotizen grün ein; wichtig dabei: Wenden Sie Ihr Farbsystem konsequent an. ◄

Erledigen Sie die wichtigen Aufgaben zuerst. Es zählt nicht, *wie viel* Sie leisten, sondern *was* Sie machen. Managementguru Peter F. Drucker hat es so ausgedrückt: »Effective executives do first things first and second things not at all.« Auf gut Deutsch, und etwas frei übersetzt, lautet die Maxime also: Machen Sie nur die wirklich wichtigen Dinge. Ein guter Ratschlag, wenn mich mein Chef dauernd mit Aufgaben eindeckt, denken Sie? Klar, oft werden Sie gar nicht die Wahl haben, was Sie machen. Sie müssen es tun, ob Sie wollen oder nicht. Wohl aber können Sie entscheiden, in welcher Reihenfolge und in welcher Intensität Sie etwas erledigen. Und dann gilt: Die für Ihre Ziele – oder die der Firma – bedeutsamen Aufgaben werden zuerst beziehungsweise mit erhöhter Aufmerksamkeit bearbeitet.

Was kann das konkret für Ihren Arbeitsalltag bedeuten?

- Priorisieren Sie alle neuen Aufgaben gemäß des sogenannten Eisenhower-Schemas (siehe Abschnitt *Wie schreibe ich ein Memo*, Schritt 2).
- Nehmen Sie sich vor, bei Arbeitsbeginn nicht in Ihre E-Mails zu schauen, sondern Ihre erste Arbeitsstunde mit einer Aufgabe zu beginnen, die für Ihren Job eine hohe Bedeutung hat.
- Oder: Gewöhnen Sie sich an, morgens als Erstes eine unangenehme Tätigkeit in Angriff zu nehmen, die Sie gern vor sich herschieben würden – so bekommen Sie Aufgaben wirklich

erledigt und haben zudem später das angenehme Gefühl, den schlimmsten Teil des Tages schon überstanden zu haben.

Setzen Sie sich Ziele. Keine Angst – es folgen jetzt keine Ausführungen zum Thema »persönliche Ziele«. Es geht vielmehr um die konkrete Planung Ihrer Arbeit. Sofern Sie nicht ausschließlich mit Routinetätigkeiten befasst sind, sondern Ihr Job eher Projektcharakter hat, dann ist es ein Muss, dass Sie Ihre Aufgaben mit Zielen versehen. Setzen Sie sich unbedingt Ziele mit Termin, denn sonst wären es keine echten Ziele. Dort, wo es angebracht und sinnvoll ist, sollten Sie auch Zielerreichungsgrößen festlegen. Ihre Zielplanung könnte etwa so aussehen:

Persönliche Zielplanung

Ziel	Termin	Messgröße
Imagebroschüre überarbeiten	28.01.	—
Bildddatenbank aufbauen	30.06.	mindestens 500 Bilder
Pressekontakte intensivieren	31.12.	5 neue Kontakte

Ermitteln Sie den Zeitbedarf für anfallende Routinetätigkeiten. Oft ist es so, dass man vor bestimmten Aufgaben allein deshalb zurückschreckt, weil man den Aufwand als zu hoch einschätzt. Die Abhilfe ist einfach: Nehmen Sie eine Stoppuhr zur Hand – oder Ihre Armbanduhr – und messen, wie lange es dauert, eine Briefseite zu lesen oder eine kurze E-Mail zu schreiben. Sie werden überrascht feststellen, wie gering der Zeitaufwand für viele Aufgaben tatsächlich ist, und werden fortan manche Dinge wesentlich entspannter erledigen.

Vereinbaren Sie Termine mit sich selbst

Viele Büroarbeiter klagen darüber, dass sie nie zu ihren eigentlichen Aufgaben kommen, sondern stets in Besprechungen sitzen, angerufen werden oder »Feuerwehraufgaben« wahrnehmen müssen. Dem sollten Sie begegnen, indem Sie täglich – idealerweise immer zur gleichen Uhrzeit, etwa nach der Mittagspause – einen Termin mit sich selbst ausmachen und in dieser Zeit die Dinge erledigen, die wirklich wichtig sind. Kein Besucher und kein Telefon darf Sie dann stören. Klingt banal? Ja, aber die Schwierigkeit besteht darin, diese Maßnahme diszipliniert umzusetzen. Behandeln Sie die Termine mit sich selbst wie unverschiebbare Kundentermine, sonst laufen Sie Gefahr, ständig Ihre »heilige Zeit« für andere Termine zu opfern. ◀

Planen Sie Pufferzeiten ein. Zusätzlicher Zeitaufwand entsteht oft dadurch, dass man einmal angefangene Aufgaben unterbrechen und dann später wieder aufnehmen muss. Die Folge: Man benötigt wieder Zeit, die erforderlichen Unterlagen herauszusuchen und sich in das Thema hineinzudenken. Gewöhnen Sie sich daher an, Pufferzeiten einzuplanen. Wenn eine Besprechung bis 15 Uhr angesetzt ist, dann vereinbaren Sie den Folgetermin erst um 15.30 Uhr. In der Zwischenzeit haben Sie Gelegenheit, die Besprechung nachzubereiten und Ihre To-dos sofort zu erledigen. Ein anderes Beispiel: Wenn Sie für die Erstellung einer Präsentation zwei Stunden planen, so reservieren Sie sich im Kalender drei Stunden dafür – sollte es nämlich doch länger dauern, so müssen Sie keine Pause einlegen, sondern können Ihre Aufgabe zu Ende bringen.

Verplanen Sie nur die Hälfte Ihrer Zeit. Es ist ein Phänomen: Nie scheint die zur Verfügung stehende Arbeitszeit für all das auszureichen, was erledigt werden soll oder muss. Dementsprechend werden die

Terminkalender vollgestopft, und jede Minute wird verplant. Ein Kardinalfehler! Im Laufe eines jeden Tages passieren nämlich unvorhergesehene Dinge, die Sie dazu zwingen, geplante Vorhaben zu verschieben. Daraus erwächst Stress. Sie bleiben hingegen flexibel, wenn Sie sich angewöhnen, im Regelfall nur die Hälfte Ihres Arbeitstages zu verplanen – die andere Hälfte bleibt frei für spontane Aufgaben und Termine.

Nutzen Sie einen Kalender, Terminplaner oder ein Zeitplanbuch. Eigentlich ist dieser Tipp so trivial, dass er hier nicht stehen dürfte. Dennoch soll er der Vollständigkeit halber erwähnt werden, schließlich ist ein diszipliniert geführter Kalender das wichtigste Werkzeug des Zeitmanagements. Alle Termine, Vereinbarungen und Aufgaben gehören hier hinein. Egal, ob als Papiervariante oder elektronisch: Entscheidend ist nicht die Form, sondern die Tatsache, dass Sie mehrmals täglich in Ihren Kalender oder Terminplaner schauen. Am besten ist es, Sie gewöhnen sich dafür feste Zeiten (morgens, mittags und abends) an. Auf diese Weise werden Sie nichts mehr vergessen.

Tragen Sie spontane Termine, die Sie nicht notiert haben, nach; ändern Sie auch nachträglich Uhrzeiten, etwa wenn ein Kundentermin länger gedauert hat. So wird Ihr Kalender automatisch zum Tagebuch, und Sie können bei Bedarf nachsehen, wann zum Beispiel das letzte Meeting zum Thema »Messeplanung« war oder wann Sie zuletzt beim Kunden Krause waren.

Führen Sie eine Kontaktdatenbank. Egal, ob im PC oder auf konventionelle Art: Halten Sie alle Ihre Kontaktdaten – von Kunden, Kollegen, Partnern, Beratern und so weiter – schriftlich fest. Gewöhnen Sie sich an, sobald Sie von einem neuen Geschäftspartner die Visitenkarte oder Adresse erhalten haben, diese in Ihre Datenbank zu überführen. Notieren Sie alle Angaben, die Sie bekommen können: Namen und Alter des Lebenspartners und der Kinder, Hobbys, vorherige Stationen und Arbeitgeber, besondere Interessen und so weiter. Und: Aktualisieren Sie Ihre Datenbank ständig. Wann auch immer Sie von einer Änderung erfahren: Übertragen Sie diese Information sofort. Im Laufe der Jahre werden Sie – bei konsequenter und disziplinierter Datenbankpflege – eine umfassende Adressensammlung erhalten. Diese wird sich vielleicht einmal als Ihr wertvollstes Kapital erweisen.

Bilden Sie Blöcke gleichartiger Tätigkeiten. Versuchen Sie, ähnliche Aufgaben zu bündeln, führen Sie also drei Telefonate hintereinander, reservieren Sie sich eine halbe Stunde ausschließlich für das Lesen Ihrer Post, und beantworten Sie zwischen 15 und 16 Uhr nur Ihre E-Mails.

Fassen Sie jeden Vorgang nur einmal an

Bearbeiten Sie einen Vorgang bis zum Schluss, wenn Sie sich mit ihm beschäftigen. Lesen Sie also eine E-Mail komplett durch, beantworten Sie sie, und legen Sie sie danach im entsprechenden Ordner ab. Erliegen Sie nicht der Versuchung und sagen sich: »Ach, das mache ich dann später.« Denn dann müssen Sie sich erneut in den Sachverhalt hineindenken und brauchen viel mehr Zeit, um den Vorgang abzuschließen. Wer das »Einmal-Prinzip« anwendet, vermeidet Chaos auf dem Schreibtisch und im Outlook-Posteingang.

Lassen Sie sich nicht ablenken. Die drei schlimmsten Ablenkungen und damit Zeitfresser sind der E-Mail-Posteingang, Anrufe sowie (ungebetene) Besucher. Hier die Gegenmittel, um diese Störungen zu vermeiden beziehungsweise zu minimieren:

- Gewöhnen Sie sich an, nur dreimal am Tag Ihre eingehenden E-Mails abzurufen – und beantworten Sie diese dann auch gleich.

- Deaktivieren Sie die Funktionen »Beim Eintreffen neuer Elemente Sound wiedergeben«, »Desktopbenachrichtigung« und »Briefumschlagsymbol anzeigen«.
- Legen Sie für mindestens zwei Stunden am Tag »Telefonauszeiten« fest – hängen Sie den Hörer aus, bitten Sie Ihr Sekretariat, keine Anrufe durchzustellen, oder leiten Sie das Telefon auf einen Kollegen weiter. Anrufer mit einem wichtigen Anliegen werden eine Nachricht hinterlassen.
- Schließen Sie Ihre Bürotür, und hängen Sie einen (Post-it-)Zettel deutlich sichtbar daran: »Ich bin erst wieder ab 15 Uhr zu sprechen.« Kommen dennoch Kollegen herein, stehen Sie sofort vom Schreibtisch auf, gehen Ihrem Gast entgegen – damit er sich gar nicht erst setzt – und bitten ihn, später wieder zu kommen. Bei dieser Gelegenheit: Wenn Sie ein Gespräch mit einem langatmigen Kollegen führen müssen, so wählen Sie stets sein Büro als Besprechungsort aus. Als Gast können Sie eher das Gespräch beenden.
- Richten Sie feste »Audienzzeiten« ein, und teilen Sie diese Ihren Mitarbeitern und Kollegen mit. So weiß jeder, wann er (ungefragt) zu Ihnen kommen kann und wann nicht.

Es ist nicht leicht, diese Maßnahmen umzusetzen und dauerhaft anzuwenden. Viel Disziplin ist dazu erforderlich. Außerdem kann Ihr Verhalten abweisend und schroff wirken. Haben Sie jedoch einige Wochen durchgehalten, so werden Sie selbst und Ihre Kollegen sich daran gewöhnt haben.

Setzen Sie Ideen und kleinere Aufgaben sofort um. Als Faustregel gilt: Alles, was weniger als zwei Minuten dauert, sollte sofort erledigt werden – allerdings darf Geplantes dabei nicht in Verzug geraten. Ein Beispiel: Ihr Ordner »Protokolle Abteilungssitzungen« ist zum Bersten voll, und Sie müssten einen neuen Ordner anlegen – schreiben Sie nicht langwierig einen Erinnerungszettel, dass Sie das tun wollen, sondern stehen Sie auf, holen sich einen neuen Ordner, beschriften ihn, und stellen Sie ihn ins Regal.

Führen Sie eine Wiedervorlagemappe. Auch wenn es scheinbar ein Relikt aus vergangenen Bürotagen ist – die klassische Wiedervorlagemappe ist ein nützliches Instrument des Zeitmanagements. Eine Mappe mit der Einteilung von 1 bis 31 Tage gibt Ihnen die Möglichkeit, Aufgaben taggenau zu planen und nichts mehr zu vergessen. Dies setzt natürlich voraus, dass Sie täglich in die Mappe schauen.

Schreiben Sie Erinnerungszettel. »Mist, schon wieder vergessen, den Ordner mit den Konkurrenz-Broschüren zum Meeting mitzunehmen.« Solche und ähnliche Pannen unterbleiben, wenn Sie sich Erinnerungszettel schreiben und diese bei Gegenständen deponieren, die Sie mehrfach täglich benutzen (Schlüsselbund, Handy oder Geldbeutel) oder an denen Sie vorbeigehen müssen (Zimmertür oder Garderobenständer).

▶ Erstellen Sie Checklisten

Sofern Ihre Arbeit aus teilweise wiederkehrenden Abläufen besteht, kann es enorm hilfreich sein, dafür Checklisten zu entwickeln. Checklisten sind eine wunderbare Methode, um Zeit zu sparen, nichts zu vergessen und Erfahrungen zu dokumentieren. Checklisten können sogar lebensrettend sein – so sank in Testkrankenhäusern seit dem Einsatz der einseitigen Sicherheitscheckliste der Weltgesundheitsorganisation die Zahl der Todesfälle bei Operationen um 40 Prozent.

Egal, ob es um die Organisation einer Kundenveranstaltung, die Planung des Weihnachtskartenversands oder den Messeaufbau geht – wer Checklisten schreibt und nutzt, ist klar im Vorteil. Aus diesem Grund finden Sie auch in diesem Buch einige Checklisten. ◀

Nutzen Sie Formulare. Ähnlich wie Checklisten sind auch Formulare ein ganz hervorragendes Mittel, um Abläufe zu strukturieren und effizient zu arbeiten. Nein, hier ertönt nicht der Ruf nach mehr Bürokratie. Gemeint sind Formulare mit einem konkreten Nutzen für Ihre Arbeit, zum Beispiel, um Gespräche mit Kollegen, Lieferanten, Kunden, Redaktionen oder Agenturen zu dokumentieren oder um einen Artikel, einen Brief oder eine Rede zu verfassen – dazu hier ein Beispiel:

Formular für eine Rede

Auftraggeber | Vortragender	
Datum Briefing	
Deadline Fertigstellung	
Arbeitstitel	
• Was ist das Umfeld?	
• Wie lautet das Motto oder Thema der Tagung?	
• Wann und wo ist der Vortrag?	
• Wie lang soll der Vortrag sein?	
• Welche Redner werden noch sprechen?	
• Welche Tonalität ist angebracht?	❑ seriös ❑ humorig
• Sollen oder müssen Folien erstellt werden?	

• Wie viele Zuhörer werden es sein?	
• Wer wird anwesend sein?	
• Wird die Presse zugegen sein? Muss eine Pressemitteilung erstellt werden?	
• Wird der Redetext verteilt, gibt es einen Tagungsband?	
• Wer ist die Zielgruppe?	
• Was soll mit der Rede erreicht werden?	
• Gibt es Fettnäpfchen?	
• Gibt es Aspekte, die unbedingt erwähnt werden müssen?	
• Wer ist in welcher Reihenfolge zu begrüßen?	

Führen Sie stets Block und Stift mit sich. Gerade hatten Sie in der Kantine einen Geistesblitz, doch weder Ihr Logbuch noch ein anderer Zettel war zur Hand. Wieder zurück am Schreibtisch, will Ihnen die Idee partout nicht mehr einfallen. Also: Ein kleiner Block oder ein gefaltetes Blatt Papier und ein Stift passen in jede Hand- oder Hosentasche. Und damit kein Zettelchaos entsteht, sollten Sie Ihre Notizen regelmäßig in Ihr Logbuch oder in Ihren Kalender übertragen.

Achten Sie auf Ihre Handschrift

An dieser Stelle ein Hinweis, der vielleicht unwichtig erscheint, aber nicht zu unterschätzen ist: Achten Sie auf Ihre Handschrift. Gut, solange Sie handschriftliche Notizen nur für sich selbst anfertigen und diese dann auch lesen können, dürfen Sie kritzeln, wie Sie wollen. Sobald aber andere Ihre Handschrift lesen müssen, sollten Sie sich um entzifferbare Buchstaben bemühen. Dies ist nicht nur ein Zeichen von Höflichkeit, sondern schützt Sie auch davor, von den Empfängern Ihrer Hieroglyphen als schlampig abgestempelt zu werden. Dies gilt insbesondere für handgeschriebene (Glückwunsch-)Karten.

Versehen Sie jedes Schriftstück oder Dokument mit Datum. Auch dies eigentlich eine Selbstverständlichkeit: Es darf kein Dokument ohne Datum geben. Sei es ein Redeentwurf, ein Artikel, ein Rundschreiben oder eine Ideenskizze – das Datum gehört immer mit dazu. Ein Tipp am Rande: Schreiben Sie bei PC-Dateien das Datum immer im Format »Jahr-Monat-Tag« (also »2011-09-23«) – so erscheint die aktuellste Version stets an erster oder letzter Stelle.

Nutzen Sie unterschiedliche Sammelsysteme. Ein häufig genutztes Ablagesystem sind Papierstapel. Dies ist die schlechteste Methode, Schriftstücke zu sammeln, denn der Aufwand, ein gesuchtes Dokument zu finden, ist enorm. Zudem erinnert der Stapel immer daran: »Arbeit wartet auf dich.« Besser ist es, verschiedene andere Sammelsysteme zu nutzen:

- In Ordner gehören Belege, die unbedingt in chronologischer oder numerischer Reihenfolge aufbewahrt werden müssen.
- In Stehsammler gehören Prospekte, Kataloge, Zeitschriften und Ähnliches.
- In Hängemappen gehören aktuelle Vorgänge und »dünne« Unterlagen.

Unabhängig vom Sammelsystem sollten Sie Ordner oder Sammler

stets chronologisch sortieren, sodass das aktuellste Dokument vorn ist. Beschriften Sie sie deutlich lesbar von außen mit aussagekräftigen Begriffen. Vermeiden Sie also Aufschriften wie »Infos«, »Briefe«, »To-dos« ..., sondern verwenden Sie »Korrespondenz mit Kunde XY 2011 – 2012«. Entwickeln Sie ein eigenes (Farb-)System, das es Ihnen erlaubt, das gesuchte Dokument zu finden, ohne die Außenbeschriftung lesen zu müssen. Nutzen Sie zum Beispiel rote Ordnerrücken für Kundenkorrespondenz, grüne für Entwicklungsprojekte und hellblaue für Ideensammlungen.

Noch etwas: Verwenden Sie Ablagekörbchen nur für die Kurzablage (Posteingang oder weiterzuleitende Papiere). Wenn Sie nämlich zu viel in Ablagekörbchen sammeln, dann müssen Sie bei der Suche nach einem einzelnen Schriftstück jeweils den gesamten Stapel durchsehen. Ablagekörbchen sollten bei Arbeitsbeginn und -ende stets leer sein.

Nutzen Sie die »UVee-Fragen« zur Archivierung. Bewahren Sie ein Schriftstück nur auf, wenn die Antwort wenigstens einmal »Ja« lautet.

- **U**: »Gibt es ein Unglück wenn ich das nicht aufhebe?«
- **V**: »Gibt es eine Vorschrift, das aufheben zu müssen (zum Beispiel bei steuerlich relevanten Belegen)?«
- **e**: »Werde ich das Schriftstück innerhalb eines Jahres brauchen?«
- **e**: »Ist das Dokument einmalig, oder hat jemand anderes eine Kopie?«

Überprüfen Sie beim Einsortieren von Unterlagen immer, ob das neue Dokument vielleicht ein altes ersetzt, das dann aussortiert werden kann.

Vermeiden Sie aufgeblähte Sammelsysteme. Sobald sich ein Ordner (oder jedes andere Aufbewahrungssystem) zu 75 Prozent gefüllt hat, legen Sie einen neuen an.

Vermeiden Sie Büroleichen. Bringen Sie Post-it-Sticker an allen Ordnern, Mappen, Stehsammlern, Büchern und so weiter an, und ziehen Sie sie erst dann wieder ab, wenn Sie das jeweilige Objekt benutzt haben. Alles, was nach zwölf Monaten noch einen Sticker hat, gehört in den Papierkorb oder in den Keller.

Misten Sie Ihre Ablage und Ihr Archiv regelmäßig aus. Mindestens einmal im Jahr sollten Sie sich Zeit reservieren, um Ihre Ablage zu durchforsten. Nutzen Sie die Vier-Felder-Methode zur Entrümpelung Ihrer Ablage: Teilen Sie den Fußboden vor Ihrem Schreibtisch in vier Felder ein. Sortieren Sie alle Unterlagen, die sich auf und in Ihrem Schreibtisch befinden, in eines der vier Felder ein. Behandeln Sie die Unterlagen pro Feld dann gemäß den folgenden Anweisungen:

Die Vier-Felder-Methode

Alles, was man selbst erledigen muss	Alles, was wichtig war und archiviert werden muss
Alles, was andere erledigen können	Wegschmeißen

Wichtig dabei: Bilden Sie keine weiteren Felder, und zwingen Sie sich dazu, jedes Schriftstück nur einmal anzufassen – es darf keine »Zwischenhäufchen« geben.

Wie gestalte ich meinen Arbeitsplatz?

Ist Ihnen bewusst, dass Sie mit der Gestaltung Ihres Büros Ihr Inneres nach außen kehren? Selbstverständlich spricht nichts dagegen, die Wände, den Schreibtisch oder das Ablagebord so zu dekorieren, wie es Ihnen gefällt – nur sollten Sie zurückhaltend sein. Kitschige Poster, peinliche Partyfotos, schief hängende Kunstdrucke oder vertrocknete Topfpflanzen sind eben kein Ausdruck von gutem Geschmack, sondern signalisieren Ihrem Chef und den Kollegen: Wer hier arbeitet, legt keinen Wert auf ein schönes Ambiente, ist vielleicht sogar schlampig oder nachlässig. Dies gilt umso mehr, wenn Sie Kunden, Partner oder Lieferanten in Ihrem Büro empfangen oder diese Ihren Arbeitsplatz einsehen können. Denn es sagt viel über Ihre Arbeitsqualität und Professionalität aus, ob Ihr Arbeitsplatz ordentlich ist oder nicht. Wenn jemand es nicht einmal schafft, seinen »Mikrokosmos« klar zu strukturieren, wie soll derjenige dann Projekte leiten oder größere Aufgaben systematisch erledigen?

Niemandem soll sein persönliches Arbeitssystem abgesprochen werden – der eine braucht eben ein gewisses »kreatives Chaos«, und der andere kann nur dann gut arbeiten, wenn ihn eine wohnliche Atmosphäre mit Ficus und Familienbildern umgibt. Dennoch sollten Sie sich einen ordentlichen Schreibtisch zum Ziel setzen, auf dem man schnell das findet, was man benötigt. Wenn Sie an einem leeren Schreibtisch arbeiten, kann Sie nichts von Ihrer eigentlichen Aufgabe ablenken, und Sie können konzentrierter zu Werke gehen. Denn, wie bereits gesagt: Nur, wer Klarheit auf dem Tisch hat, kann auch Klarheit im Kopf haben. So rate ich Ihnen, mitten im größten Stress aufzuräumen und nicht damit zu warten, bis Sie mal wieder Zeit haben – gerade, wenn man bis über beide Ohren mit Arbeit eingedeckt ist, lohnt es sich, Übersicht und Ordnung zu schaffen.

Beachten Sie die wichtigsten Schreibtisch-Gebote. Schaffen Sie eine freie Arbeitsfläche von mindestens 40 mal 60 Zentimetern, das entspricht etwa der Fläche eines DIN-A3-Blattes.

Nur der Vorgang, der gerade bearbeitet wird, sollte auf dem Schreibtisch liegen. Alle wichtigen und häufig benutzten Arbeitsutensilien (Stifte, Textmarker, Schere, Locher) gehören in Griffnähe – alle anderen in Schubladen.

Richten Sie für jedes Arbeitsutensil und jedes Ablageelement (wie Ordner oder Mappen) einen festen Platz ein. Bringen Sie den Gegenstand nach jeder Benutzung wieder an seinen Platz. Je häufiger Sie einen Gegenstand benötigen, desto näher sollten Sie ihn an Ihrem Arbeitsplatz aufbewahren.

Legen Sie sich einen Posteingangskorb zu – leeren Sie ihn jeden Tag.

Kaufen Sie sich einen großen Papierkorb, und benutzen Sie ihn häufig. Nichts ist so wertvoll für einen leeren Schreibtisch wie diese »runde Ablage«.

Verlassen Sie Ihren Schreibtisch abends so, als ob Sie zwei Wochen in den Urlaub gehen würden – und zwar jeden Tag, ohne Ausnahme.

Fassen Sie Gleichartiges zusammen. Dies ist eine weitere wichtige Grundregel, um Ordnung zu halten. Nutzen Sie in Schubladen und Schränken Plastikboxen oder Kartons unterschiedlicher Größe, um Gleichartiges (Stifte, Notizzettel, Batterien) zusammenzufassen. So minimieren Sie die Suchzeit, haben einen schnelleren Zugriff und tun sich beim Putzen leichter. Wenn Sie Gleichartiges zusammengeführt haben, können Sie zudem erkennen, was Sie mehrfach besitzen – sortieren Sie die überflüssigen Bestände aus, und genießen Sie den dadurch entstandenen Freiraum und Überblick.

Entrümpeln mit der Kaizen-Methode. Räumen Sie Ablageflächen, etwa auf dem Schreibtisch oder Sideboard, frei, und sortieren Sie die Inhalte in die entsprechenden Aufbewahrungssysteme. Stellen Sie dann eine Grünpflanze oder eine Skulptur auf die frei gewordene Fläche – so verhindern Sie, dass sich dort erneut »Müll« ansammelt. Nutzen Sie die Kaizen-Methode, um Schubladen und Schränke zu entrümpeln:

- Ausleeren: Schütten Sie den gesamten Inhalt einer Schublade, eines Schrankes oder Regals auf einen Tisch.
- Ausmisten: Werfen Sie alle unnötigen oder veralteten Dinge weg. Seien Sie dabei sehr großzügig.
- Sortieren: Bringen Sie alle Gegenstände, für die es bereits einen festen Platz gibt, (wieder) an ihren Aufbewahrungsort.
- Nomaden erkennen: Am Ende dieses Aufräumens bleiben viele Utensilien übrig, die keinen festen Platz haben. Das sind die »Nomaden«, also nicht sesshafte Gegenstände und damit die Ursache aller Unordnung. Fassen Sie alle gleichartigen Nomaden zu Häufchen zusammen: Zeitungsausschnitte, Kleinteile oder Erinnerungen.
- Nomaden sesshaft machen: Überlegen Sie, in welcher Art von Behälter Sie jedes Nomaden-Häufchen am besten aufheben können und wo dieser Behälter am sinnvollsten stehen sollte (Schublade, Ordner, Schachtel). Schaffen Sie sich dafür genügend Ordnungsmittel an.
- Hausputz: Reinigen Sie alle Schubladen, Schränke oder Regale gründlich vor dem Wiedereinräumen.
- Regeln festlegen: Überlegen Sie sich Ordnungsnormen, an die Sie sich zukünftig halten wollen, etwa keine Bücher außerhalb des Bücherschranks oder den Platz auf dem Sideboard immer freihalten.

Vermeiden Sie Kabelsalat. Kennzeichnen Sie alle Kabel von Elektrogeräten (Drucker, Monitor, Handy-Ladegerät oder Digitalkamera), indem Sie halbierte Adressetiketten um die Kabel von Lade- und Netzteilen kleben. Schreiben Sie darauf, zu welchem Gerät das Kabel gehört. Wenn Sie ein schnurgebundenes Telefon haben: Entwirren Sie jeden Abend das Kabel.

Seien Sie diszipliniert. Unabdingbare Voraussetzung, um Ordnung zu halten, ist es, diszipliniert vorzugehen. Jedes System ist nur so gut, wie konsequent sich sein Nutzer an die Regeln hält. Eine gewisse Selbstbeherrschung und Härte gegen sich selbst sind also erforderlich, um dauerhaft Ordnung zu halten.

Wie richte ich den Arbeitsplatz ergonomisch richtig ein?

Die Arbeitsplatzeinrichtung ist auch in körperlicher Hinsicht wichtig, nämlich bei der Einstellung von Stuhl, Tisch und Monitor. Verschiedene Untersuchungen haben ergeben, dass etwa 90 Prozent aller Arbeitsplätze nicht optimal für den jeweiligen Benutzer eingestellt sind. Daher ist es auch keine Überraschung, dass vier von fünf Arbeitnehmern mindestens einmal im Leben unter wochenlangen Rückenschmerzen leiden. Dabei ist es gar nicht so schwer, haltungsbedingten Krankheiten vorzubeugen – es sind lediglich ein paar einfache Hinweise zu beachten.

Stellen Sie Ihren Bürostuhl richtig ein. Der Oberschenkel sollte mit den Unterschenkeln einen 90-Grad-Winkel bilden, die Füße ganz auf dem Boden stehen. Die Sitzhöhe sollte stufenlos von 42 bis 53 Zentimeter verstellbar sein. Die Sitzfläche sollte nach vorn leicht abfallen und so tief sein, dass beim Sitzen die Oberschenkel komplett aufliegen und nur die Kniekehlen frei bleiben. Die Rückenlehne reicht optimalerweise bis ans Schulterblatt und sollte nicht festgestellt werden, damit sie sich flexibel an die Bewegungen des Rückens anpassen kann.

Stellen Sie Ihren Schreibtisch richtig ein. Der Schreibtisch sollte mindestens 120 Zentimeter breit und 80 Zentimeter tief sein. Die Idealmaße sind: 160 mal 90 Zentimeter bei einer Höhe von circa 72 Zentimetern. Als Material empfiehlt sich Holz oder Kunststoff, jedoch nichts »Kaltes« wie Glas oder Metall, weil dies schlecht für die Gelenke ist. Sorgen Sie für möglichst viel Beinfreiheit, indem Sie Papier- und Abfallkörbe aus dem Fußraum verbannen. Der Abstand zwischen Oberschenkeln und Tischplatte sollte eine Handbreite betragen.

Stellen Sie Ihren Bildschirm richtig ein. Stellen Sie Ihren Monitor in einem rechten Winkel zum Fenster auf, also nicht mit Blick zum Fenster oder mit dem Fenster im Rücken. Der optimale Sehabstand zum Monitor beträgt 50 bis 60 Zentimeter. Die oberste Bildschirmzeile sollte etwas unterhalb der Augenhöhe liegen.

Achten Sie auf eine rückenfreundliche Sitzhaltung. Orthopäden vertreten seit einiger Zeit die Ansicht, dass es nicht *die* richtige Sitzhaltung gibt. Entscheidend ist vielmehr, dass man nicht zu lange in ein und derselben Position verharrt.

- Verlagern Sie öfter Ihr Gewicht – mal mehr auf die linke und dann wieder auf die rechte Gesäßhälfte –, und lassen Sie Ihr Becken vor- und zurückwippen.
- Lassen Sie Ihre Oberarme möglichst entspannt hängen. Die Unterarme sollten waagrecht zur Tastatur liegen.
- Hocken Sie nie vorn auf der Kante des Stuhls, sondern nehmen Sie die gesamte Sitzfläche ein.
- Verrichten Sie so viele Tätigkeiten wie möglich im Stehen. Gewöhnen Sie es sich beispielsweise an, Telefonate im Stehen zu führen. Das hat zudem die positiven Nebeneffekte, dass Ihre Stimme im Stehen angenehmer klingt und Sie im Stehen mehr Kalorien verbrauchen als im Sitzen. Wenn Sie wollen und es nicht zu albern aussieht, können Sie beim Telefonieren im Stehen auch abwechselnd Ihre Fersen zum Po führen.

- Mediziner weisen immer wieder darauf hin, wie wichtig regelmäßige aktive Bewegung ist. Also: Bauen Sie dreimal täglich eine kleine Übung ein – bewegen Sie eine Minute lang (das reicht schon) Schulter und Kopf zur Seite beziehungsweise drehen Sie sie.

Machen Sie kleine Umwege. Wie bereits gesagt und bekannt: Versuchen Sie, mehr Bewegung in Ihren Alltag zu bringen. Nutzen Sie, wann immer es möglich ist, die Treppe und nicht den Aufzug. Holen Sie sich Ihren Kaffee nicht auf dem Flur, sondern am Automaten in der Etage über Ihrem Büro. Gehen Sie nicht auf die nächstgelegene Toilette, sondern suchen Sie eine weiter entfernte auf. Auf all Ihren (Um-)Wegen können Sie zusätzlich noch etwas für Ihre Rückenmuskulatur tun: Rollen Sie mit den Schultern, oder ziehen Sie die Schulterblätter zusammen.

Sorgen Sie für frische Luft. Im Zusammenhang mit dem Thema Ergonomie muss auch über das Raumklima gesprochen werden. Stellen Sie die Raumtemperatur auf 21 bis 22 Grad Celsius ein. Im Hochsommer dürfen es auch drei bis vier Grad mehr sein. Messen Sie die Luftfeuchtigkeit – liegt der Wert unter 50 oder über 65 Prozent, so sollten Sie sich einen Luftbefeuchter beziehungsweise -entfeuchter beschaffen. Vermeiden Sie Dauer-Durchzug, und sofern Ihr Büro mit einer Lüftungsanlage ausgestattet ist, sollten Sie für eine regelmäßige Wartung sorgen (zum Beispiel Filteraustausch). Und schließlich sollten Sie mehrmals am Tag kurz das Fenster öffnen, um Frischluft hineinzulassen (Stoßlüftung).

Wie lese ich schnell und effektiv?

Büroarbeit bedeutet vielfach Lesearbeit. E-Mails, Briefe, Faxe, Memos, Aktennotizen, Projektberichte, Fachartikel, Studien, Bücher und einiges mehr landen täglich in Ihrem Posteingang und wollen gelesen werden. Mit welchen Methoden Sie diesen Blätterberg einfacher und schneller abtragen können, erfahren Sie in diesem Kapitel.

Schaffen Sie eine gute Leseumgebung. Vergrößern Sie nicht den Blickabstand: Ein gelegentlich empfohlener Tipp lautet, den Abstand vom Auge zum Buch (oder zum Bildschirm, zur Zeitung, zum Magazin) zu vergrößern, um mehr Wörter auf einmal zu erfassen. Doch das ist falsch, weil Ihr Gehirn dann nämlich länger braucht, um den »Wörtersalat« zu entziffern. Der ideale Abstand zwischen Auge und Text beträgt rund 50 Zentimeter.

Sorgen Sie für ausreichendes und blendfreies Licht: Bekanntlich ermüden Sie und Ihre Augen in schlecht beleuchteten Räumen schneller. Verwenden Sie keine Spotlights. Besser ist es, den ganzen Raum zu erhellen, damit keine störenden Kontraste entstehen.

Sorgen Sie für eine ruhige Atmosphäre: Bewegung in der Umgebung lenkt ab, denn das Auge sieht zuerst dorthin, wo Bewegung ist (dies ist ein Urreflex). Lesen Sie also nicht dort, wo Publikumsverkehr ist, oder vor einem Fenster.

Verbannen Sie Wand- oder Tischuhren mit Sekundenzeigern vom Leseplatz. Schalten Sie animierte Bildschirmschoner und Ihr E-Mail-Programm aus. Verzichten Sie auf Hintergrundmusik, und stellen Sie sämtliche Geräuschquellen (Klimaanlage, Drucker und so weiter) ab.

Gönnen Sie Ihren Augen gelegentlich eine Verschnaufpause. Es gibt einige Übungen, die Sie zwischendurch zur Entspannung durchführen können:

- Reiben Sie Ihre Hände warm, und halten Sie sie zwei Minuten vor Ihre geschlossenen Augen; stellen Sie sich dabei bunte Gegenstände oder Landschaften vor.

- Setzen Sie Ihren Daumen und Mittelfinger an die Nasenwurzel und den Zeigefinger zwischen die Augenbrauen; massieren Sie dann zehn Sekunden.
- Machen Sie einen Augenspaziergang: Lassen Sie den Blick von nahen auf entfernte Dinge springen und über Gegenstände gleiten. Denn Fernsicht ist eine gute Abwechslung zum nahen Bildschirm beziehungsweise Buch.

Wenden Sie das Drei-Filter-Modell an. Bei jedem (längeren) Text sollten Sie sich vor der Lektüre folgende Fragen stellen:

- Ist der Text für mich relevant? Wenn nicht, dann geben Sie ihn an andere weiter, oder benutzen Sie Ihren Papierkorb.
- Ist der Text für mich wichtig? Wenn nicht, prüfen Sie, ob er für andere bedeutsam sein könnte.
- Muss ich den Text selbst lesen? Wenn nicht, lassen Sie ihn von Mitarbeitern oder Kollegen lesen und lassen sich berichten.

Lesen Sie effektiver. Bevor Sie anfangen zu lesen, verschaffen Sie sich einen systematischen Überblick: Blättern Sie den Text einmal von vorne nach hinten durch (verweilen Sie pro Seite maximal eine Sekunde). Bei Büchern überfliegen Sie das Inhaltsverzeichnis, bei Magazinen und Zeitschriften trennen Sie mit einem Cutter nur die Artikel heraus, die Sie lesen wollen, und werfen den Rest in den Papierkorb. Machen Sie dann einen Inhaltscheck: Suchen Sie willkürlich eine Textstelle eines Abschnitts oder Kapitels heraus, bei dem Sie sich auskennen. Wenn der Inhalt korrekt ist, dann ist der Artikel oder das Buch wahrscheinlich fundiert. Und, ganz wichtig, beginnen Sie nicht einfach mit dem Lesen, sondern fragen Sie sich stets: »Was will ich in Erfahrung bringen?«

Lesen Sie effizienter. Knicken Sie neue, eigene (!) Bücher vorsichtig nach hinten über den Rücken, um sie »handgerechter« zu machen; befreien Sie Magazine und Zeitschriften von beigelegter Werbung. Beim Lesen sollten Sie nicht halblaut mitsprechen, das irritiert das Gehirn – das Auge ist nämlich schneller als das Ohr.

In der Regel wollen Sie nicht auswendig lernen, sondern nur Inhalte erfassen; lesen Sie deshalb Passagen, die Sie nicht vollständig verstanden haben, nur in Ausnahmefällen zweimal.

Bewegen Sie den Zeigefinger Ihrer Schreibhand zügig und gleichmäßig entlang der Zeilen. Markieren sollten Sie den Text nur dann mit Bleistift oder Leuchtmarkern, wenn Sie später auf wichtige Inhalte zurückgreifen wollen.

Wie löse ich Probleme?

Das Lösen von Problemen ist eine der wesentlichen Aufgaben von (zukünftigen) Führungskräften. Bevor man in der Chefetage einen Platz findet, ist es häufig so, dass man nicht selbst Probleme oder Verbesserungspotenziale identifiziert, sondern dass man gebeten oder aufgefordert wird, sich eines bestimmten Problems anzunehmen. Das heißt jedoch nicht, dass man nicht auch selbst Augen und Ohren offenhalten und nach Missständen fahnden sollte.

Ihr Vorgesetzter will aber in der Regel durch Sie nicht mehr Probleme haben, sondern weniger. Entlasten Sie also Ihren Chef. Kommen Sie nicht zu ihm oder ihr, um zu sagen: »Hier drückt der Schuh.« Machen Sie es besser so: »Ich habe in XY ein Problem erkannt und schlage als Lösung vor …« Helfen Sie Ihrem Vorgesetzten, seinen beziehungsweise ihren Job besser zu machen, indem Sie lösungsorientiert denken und arbeiten. Das heißt also: kein Problem ohne Lösungsvorschlag. Egal, ob Sie mit der Lösung eines Problems beauftragt werden oder selbst eines ausfindig gemacht haben – wie Sie vorgehen sollten, lesen Sie im folgenden Abschnitt.

▶ In sieben Schritten ein Problem lösen

Schritt 1: Machen Sie sich klar, was die eigentliche Aufgabenstellung ist

Oft ist es gar nicht so offensichtlich, was das tatsächliche Problem ist. Viele Menschen machen den Fehler und reagieren viel zu schnell: »Ah, das ist das Problem, dann machen wir mal XY.« Dabei wäre zunächst einmal Innehalten gut. Es gilt, das wirkliche Problem zu erkennen. So könnte Ihr Problem zum Beispiel die Entscheidung zwischen zwei Mitarbeitern für den Posten des Projektleiters sein. Im Kern geht es hier jedoch nicht um die Personalfrage, sondern darum zu klären, wie das Projekt schnell, günstig und erfolgreich bearbeitet werden kann.

Wenden Sie die Fünfmal-Warum-Methode an. Eine sehr hilfreiche Vorgehensweise zur Identifikation des eigentlichen Problems ist die Fünfmal-Warum-Methode. Die japanische Kaizen-Philosophie geht davon aus, dass sich die Ursache eines Problems nie durch einmaliges Fragen herausfinden lässt. Oft sind es nämlich – wie gerade gesagt – ganz andere Gründe, die zu Problemen führen, als man zunächst vermuten würde. Erfahrungsgemäß muss man etwa fünfmal nach dem Warum fragen, bis man zur eigentlichen Problemursache vorgedrungen ist. Und nur dann kann man auch dauerhafte Lösungen finden. Fragen Sie also wie ein Kleinkind mehrfach »Warum?« – manchmal langt es, nur dreimal zu fragen, manchmal wird man sechsmal fragen müssen. Dazu ein Beispiel:

Gehen Sie mit Warum-Fragen Problemen auf den Grund

Warum-Fragen	Antwort
»Warum werden die Liefertermine nicht eingehalten?«	»Weil die Verkäufer nicht einhaltbare Zusagen machen und sich nicht mit der Produktion abstimmen.«

»Warum stimmen sich die Verkäufer nicht mit der Produktion ab?«	»Weil sie sich darauf verlassen, dass die Produktion die termingerechte Lieferung schon irgendwie hinbekommt.«
»Warum denken die Verkäufer so?«	»Weil die Verkäufer nicht auf die Terminplanung der Produktion zugreifen und die Produktionszeit nur ungefähr abschätzen können.«
»Warum haben die Verkäufer keinen Zugriff auf die Terminplanung?«	»Weil die Anbindung der Verkäufer an das Intranet noch nicht funktioniert.«
»Warum funktioniert die Anbindung nicht?«	»Weil die Verkäufer noch nicht in diesem Programm geschult sind.«

Stellen Sie »zirkuläre Fragen«. Eine weitere Möglichkeit, Probleme zu erfassen, ist es, zirkuläre Fragen zu stellen. Diese Methode stammt eigentlich aus der systemischen Psychotherapie und wird oft zur Lösung von Diskussionsblockaden eingesetzt; sie kann aber auch helfen, unternehmerische Probleme zu lösen. Das Prinzip ist einfach: Anstatt sich selbst zu fragen: »Was ist unser Problem?«, versetzt man sich in andere Personen. Man sucht also Antworten auf beispielsweise solche Fragen: »Wie würden unsere Kunden das Problem darstellen?« Oder: »Was machen wir in den Augen des Außendienstes falsch?« Dieses »Mehr-Brillen-Prinzip« bewirkt einen Wechsel der Perspektive und hilft Ihnen, einem Problem neue Gesichtspunkte abzugewinnen.

Schritt 2: Ermitteln Sie den Stellenwert des Problems

Sie wissen nun, was das eigentliche Problem ist. Bevor Sie Ihre kreative Energie zur Analyse und Lösung nutzen, sollten Sie ermitteln, wie das Problem einzuordnen ist. Erst dann nämlich können Sie sinnvoll festlegen, wie viel Zeit und Aufwand Sie bereit sind, in die nächsten Schritte zu investieren. Anders gesagt: Sie sollten nicht mit Kanonen auf Spatzen schießen. Probleme, die einen hohen strategischen Stellenwert haben, verdienen natürlich mehr Aufmerksamkeit als Probleme von eher kurzfristigem oder operativem Charakter.

Schritt 3: Analysieren Sie das Problem

In Anbetracht der Tatsache, dass es unzählige Arten von Problemen mit unzähligen Variablen gibt, fällt es schwer, allgemeingültige Empfehlungen abzugeben. Der folgende Fragenkatalog hilft Ihnen aber dabei, fast jedes Problem zu analysieren. Es handelt sich dabei um die »Phoenix-Checkliste zur Problemerkennung«. Die Agenten des US-amerikanischen Auslandsnachrichtendienstes, der Central Intelligence Agency (CIA), nutzen die folgende Checkliste, um ein Problem aus verschiedenen Blickwinkeln zu betrachten. Die Fragen können Ihnen auch bei einem beruflichen oder wirtschaftlichen Problem weiterhelfen:

- Warum ist es notwendig, dass wir das Problem lösen?
- Welchen Nutzen bringt uns die Lösung des Problems?
- Was ist uns bekannt?
- Was verstehen wir bisher nicht?
- Welche Informationen liegen uns vor?
- Was ist nicht das Problem?
- Sind die Informationen ausreichend? Sind sie ungenügend? Sind sie redundant? Sind sie widersprüchlich?
- Können wir das Problem grafisch beschreiben? Lässt es sich quantifizieren?
- Lässt sich das Problem in Teilprobleme zerlegen?
- Wie hängen die Teilprobleme zusammen?
- Welches sind die beeinflussbaren Größen des Problems?
- Haben wir dieses Problem vorher schon einmal gesehen?
- Haben wir ein ähnliches Problem vorher schon einmal gesehen?
- Kennen wir damit zusammenhängende Probleme?

- Gibt es ein bekanntes Problem mit denselben unbekannten Größen?
- Wenn es ein verwandtes Problem gibt, das wir schon gelöst haben: Können wir die Lösung für unser jetziges Problem verwenden? Können wir die gleiche Methodik anwenden?
- Können wir unser Problem umformulieren? Auf wie viele verschiedene Arten können wir es beschreiben? Lässt es sich generalisieren oder spezifizieren?

Schritt 4: Erarbeiten Sie Lösungsalternativen

Jetzt geht es darum, ein Fantasiefeuerwerk zu entzünden. Im nächsten Kapitel (*Wie komme ich zu guten Ideen?*) habe ich einige Kreativitätstechniken zusammengestellt. Wenn Sie mithilfe einer dieser – oder einer anderen – Technik einige Ideen geboren haben, sollten Sie diese schriftlich fixieren. Versuchen Sie, den zentralen Gedanken mit wenigen Worten zu beschreiben. Für den weiteren Prozess ist es nützlich, wenn Sie den einzelnen Alternativen zudem aussagekräftige Kurzbezeichnungen geben, wie etwa »Sparvariante« oder »Japanische Lösung«.

Beziehen Sie bei der Aufstellung von Lösungsalternativen stets auch die »Nullvariante« mit ein: Überlegen Sie also, was passieren würde, wenn Sie nichts unternehmen. Manager unterliegen häufig einem Handlungszwang, übersehen dabei jedoch, dass es unter Umständen eine weise Entscheidung sein kann, nichts zu machen. Wohlgemerkt: Dies kann, muss aber nicht der Fall sein.

Bevor Sie sich für die weitere Ausarbeitung einer Idee entscheiden, sollten Sie eine Vorauswahl treffen. Wenden Sie dazu K.-o.-Kriterien an: Welche Bedingungen muss die Lösung auf jeden Fall erfüllen? Sie prüfen also bereits an dieser Stelle, ob eine Idee grundsätzlich für die Umsetzung geeignet wäre.

Wie viele Lösungsalternativen sollte man in Betracht ziehen? Hier müssen Sie einen Spagat machen: Einerseits sollten Sie sich nicht mit zu wenigen Vorschlägen zufriedengeben, andererseits setzen Zeit und Finanzen oft natürliche Grenzen bei der Suche nach Ideen. Je komplexer oder strategisch bedeutsamer ein Problem ist, desto mehr Alternativen sollten generell gesucht werden. Um eine konkrete Zahl zu nennen: Für die meisten Probleme ist es völlig ausreichend, drei Lösungsvorschläge zu erarbeiten.

Schritt 5: Entscheiden Sie sich für eine Alternative

Im Idealfall liegen Ihnen nun verschiedene Ideen vor. Doch welche ist die beste, um Ihr spezifisches Problem zu lösen? Im Folgenden beschreibe ich vier verschiedene Methoden zur Entscheidungsfindung. Als Faustregel können Sie sich merken: Je klarer und strukturierter ein Problem ist, desto eher können Sie einfache Entscheidungsmethoden wählen.

Entscheidungshilfe 1: die Bauchentscheidung. Eigentlich gibt es gar keine rationalen Entscheidungen. Neurologische und psychologische Forschungsergebnisse zeigen glaubhaft, dass Menschen ihre Entscheidungen zunächst unterbewusst, vor allem emotional geleitet, treffen und erst später rationalisieren. Es hätte also gar keinen Sinn, versuchen zu wollen, sich rein vernunftgemäß zu entscheiden. Auf dieser Erkenntnis fußt die – seriös gemeinte – Empfehlung, nur dem eigenen Bauchgefühl zu vertrauen.

Bauchentscheidungen sind nicht per se zu verurteilen. Im Alltag treffen wir sie ständig – ob wir uns in der Kantine für das Stammessen entscheiden oder einen bestimmten Film aus der Fernsehzeitschrift auswählen. Intuitive Entscheidungen helfen uns, rasch voranzukommen. Würde man stets alle Vor- und Nachteile abwägen, würde man mit nichts anderem mehr beschäftigt sein, als Entscheidungen zu treffen. Vor allem für kleinere Probleme ist es daher oft praktikabel, einfach den eigenen Emotionen zu vertrauen.

Entscheidungshilfe 2: die CAF-Methode. Bei weiter reichenden Problemen mag und sollte man sich nicht mehr nur auf seine Gefühle verlassen. Hier hilft die CAF-Methode (»Consider all facts«), bei der möglichst alle

Einflussgrößen für eine Entscheidung herangezogen werden. Das Prinzip ist banal: Sie listen alle Punkte auf, die etwas mit Ihrem Problem zu tun haben, wie etwa:

- die Kosten beziehungsweise das Preis-Leistungs-Verhältnis,
- die Zeit, die benötigt wird,
- die Wirkung auf Kunden oder
- die Akzeptanz bei Mitarbeitern.

Anhand der von Ihnen erstellten Liste überlegen Sie dann, welche der Lösungsalternativen am besten geeignet ist. Der Vorteil dieser Methode ist, dass man – bedingt durch die Schriftlichkeit – alle Entscheidungsfaktoren auf einen Blick ersehen kann.

Bei der Formulierung Ihrer Kriterienliste sollte ein Faktor natürlich nie fehlen: die Realisierbarkeit. Denn was nutzt die beste Idee, wenn sie nur schwer oder mit hohem Aufwand umgesetzt werden kann?

Entscheidungshilfe 3: die Entscheidungsmatrix. Während die ersten beiden Entscheidungshilfen vergleichsweise schnell anzuwenden sind, erfordert die Methode der Entscheidungsmatrix etwas mehr Aufwand. Stellen Sie hierfür zunächst alle Kriterien zusammen, die für Ihre Entscheidung relevant sind – wenden Sie also die CAF-Methode an. Wichtig dabei ist, dass Sie die einzelnen Faktoren positiv formulieren, für jedes Kriterium muss also gelten: je mehr davon, desto besser. Jetzt bewerten Sie jede Ihrer im vierten Schritt erarbeiteten Lösungsalternativen anhand der Kriterien. Verwenden Sie dafür eine Skala von 1 (sehr schlecht) bis 10 (optimal). Dann müssen Sie nur noch die Punktwerte addieren, und Sie erhalten die beste Lösung.

Dazu ein Beispiel: Angenommen, Sie wollen ein neues Produkt bewerben. In die engere Auswahl haben Sie drei Werbeformate genommen:

- 1. einen Flyer erstellen und versenden,
- 2. Radiowerbung schalten oder
- 3. einen Fachartikel schreiben.

Die Entscheidungsmatrix

Kriterium	Alternative 1	Alternative 2	Alternative 3
Kriterium 1: niedrige Kosten	8	9	5
Kriterium 2: Zielgruppe erreichen	7	5	8
Kriterium 3: Mitarbeiterressourcen	3	3	3
Kriterium 4: Dauerhaftigkeit	6	4	9
Summe	**24**	**21**	**25**

Entscheidungshilfe 4: die bewertete Entscheidungsmatrix. Um komplexe Probleme zu lösen, reicht eine einfache Entscheidungsmatrix nicht aus, weil hier vorausgesetzt wird, dass alle Kriterien gleich wichtig sind. Bei der bewerteten Entscheidungsmatrix hingegen müssen Sie den einzelnen Kriterien zusätzlich eine Gewichtung zuweisen. Dazu erstellen Sie zunächst eine Entscheidungsmatrix (wie gerade erläutert). Nun ergänzen Sie allerdings für jede Alternative zwei weitere Spalten, in einer davon können Sie die einzelnen Kriterien prozentual gewichten. Kriterien, die eine höhere Bedeutung haben, erhalten eine höhere Prozentzahl als die weniger wichtigen. Wie Sie schon vermuten, müssen alle Gewichtungen zusammen 100 Prozent ergeben. Um herauszufinden, wie hoch der Wert für die »normale« Wichtigkeit ist, müssen Sie 100 durch die Anzahl der Kriterien teilen; bei vier Kriterien wäre das Ergebnis dementsprechend 25. Kriterien, die überdurchschnittlich wichtig sind, erhalten also mehr als 25 Prozent Gewichtung.

Die bewertete Entscheidungsmatrix

Kriterium	Alternative 1			Alternative 2			Alternative 3		
Kriterium 1: niedrige Kosten	40%	8	320	40%	9	360	40%	5	200
Kriterium 2: Zielgruppe erreichen	20%	7	140	20%	5	100	20%	8	160
Kriterium 3: Mitarbeiterressourcen	30%	3	90	30%	3	90	30%	3	90
Kriterium 4: Dauerhaftigkeit	10%	6	60	10%	4	40	10%	9	90
Summe	**100%**		**610**	**100%**		**590**	**100%**		**540**

Der Wert für jedes Kriterium errechnet sich nun, indem Sie die jeweilige Punktzahl mit der Gewichtung multiplizieren. Anschließend addieren Sie dann wieder pro Alternative alle Punkte. So hat das Kriterium 1 (niedrigen Kosten) eine Gewichtung von 40 Prozent. Wenn Sie diese Gewichtung mit dem Punktwert 8 multiplizieren, erhalten Sie 320 Punkte für dieses Kriterium.

Mit der bewerteten Entscheidungsmatrix können völlig andere Ergebnisse herauskommen als mit einer einfachen, ungewichteten Matrix. In unserem Fall ist nun nicht mehr Alternative 3 die beste Wahl, sondern Alternative 1.

Wenn Sie oft mit dieser Methode arbeiten, sollten Sie sich in Ihrem Tabellenkalkulationsprogramm eine entsprechende Vorlage erstellen. So ersparen Sie sich viel Rechenarbeit und können zudem simulieren, wie sich das Ergebnis verändert, wenn Sie zusätzliche Kriterien aufnehmen oder die Gewichtung einzelner Faktoren ändern.

Eine Randbemerkung noch: Quantitative Methoden wie diese erwecken den Eindruck völliger Objektivität. Diese ist aber oft nicht gegeben. Das Ergebnis für oder gegen eine Alternative kann allein von der Auswahl der Kriterien oder der Vergabe der Gewichtungen abhängen. Übertreiben Sie es also nicht, seien Sie nicht zu spitzfindig, und wägen Sie das Zahlenergebnis auf jeden Fall nochmals mit Ihrem Bauchergebnis ab. Eine Lösung umzusetzen, obwohl sie eigentlich völlig Ihrem Gefühl widerspricht, mag keine gute Entscheidung sein.

Schritt 6: Stellen Sie einen Aktionsplan auf

Wenn Sie eine Entscheidung getroffen haben, geht es an die Umsetzung. Je nach Komplexitätsgrad des Problems und Umfang der Lösungsalternative sollten Sie nun einen Aktionsplan erstellen. Ob Sie diesen so oder Projektplan oder To-do-Liste nennen, ist nicht entscheidend, sondern vielmehr die Tatsache, dass Sie die einzelnen Aufgaben und Schritte der Problemlösung in zeitlicher, finanzieller und personeller Hinsicht planen. Legen Sie also fest, wer was bis wann macht und welche Mittel dafür zur Verfügung stehen.

Schritt 7: Kontrollieren Sie die Ergebnisse

Unter der Voraussetzung, dass Sie nicht nur für die Lösungsfindung, sondern auch deren Umsetzung verantwortlich sind, beginnt nun wahrscheinlich der längste Teil der Mission, nämlich die kontinuierliche Kontrolle des Arbeitsfortschrittes: Werden die im Aktionsplan festgelegten Maßnahmen auch tatsächlich in der definierten Zeit und Qualität erledigt?

Und noch ein Tipp zum Schluss: Fragen Sie sich nach Abschluss des Problemlösungsprozesses: Was lief gut, was schlecht? Was kann ich für die Zukunft lernen? Hat sich der Aufwand gelohnt? Perfektionieren Sie Ihre Problemlösungskompetenz, indem Sie Ihre Arbeit kritisch analysieren. ◄

Wie komme ich zu guten Ideen?

Ideen sind der Treibstoff der Wirtschaft. Ohne gute Einfälle, ohne Innovationen, ohne Produkt- oder Prozessverbesserungen kann kein Unternehmen dauerhaft existieren. Daher ist es verständlich, dass in vielen Branchen kreative Mitarbeiter häufig schneller Karriere machen als ideenlose Kollegen. Gute Chefs erwarten von ihren Mitarbeitern mehr als die bloße Auftragserfüllung: Sie wollen auch Ideen und Verbesserungsvorschläge präsentiert bekommen.

Nach jahrzehntelangen Forschungen ist heute weitestgehend unbestritten, dass es *die* Kreativitätspersönlichkeit nicht gibt. Verschanzen Sie sich also nicht hinter dem Argument: »Ich bin halt kein kreativer Typ.« Denn es gibt einige Methoden und Werkzeuge, mit deren Hilfe jeder Mensch zu guten Einfällen gelangen kann.

Sorgen Sie für einen Tapetenwechsel. Die meisten kreativen Köpfe berichten, dass ihnen die besten Ideen dann kommen, wenn sie sich gerade nicht mit dem zu lösenden Problem beschäftigen, sondern etwas völlig anderes machen. Die »richtige« Umgebung, Entspannung und Zerstreuung sind oft Voraussetzung dafür, dass gute Ideen entstehen. Wenn Sie also einmal eine Ideenblockade haben, dann könnte es hilfreich sein, einen kurzen Spaziergang zu unternehmen, aufs Land zu fahren, das Bücherregal neu zu sortieren, die Ablage in Angriff zu nehmen oder die Schubladen Ihres Rollcontainers zu säubern.

▶ Führen Sie stets Stift und Zettel mit sich

Wie gerade gesagt: Gute Ideen werden oft nicht am Arbeitsplatz geboren, sondern auf der Toilette, im Stau oder beim Sport – deshalb sind Sie im Vorteil, wenn Sie immer etwas zum Schreiben parat haben, damit gute Einfälle nicht wieder verloren gehen (siehe auch den Abschnitt *Wie kann ich Zeit sparen?*). ◀

Nutzen Sie eine Phase guter Stimmung. Psychologen von der Indiana University in den USA haben herausgefunden, dass gut gelaunte Menschen kreativer denken als Miesepeter. Damit bestätigen sie, was auch das Bauchgefühl sagt: Wer sich in einem Stimmungshoch befindet, hat einfach mehr Einfälle. Die Schlussfolgerung? Wenn Sie sich in einer eher depressiven Phase befinden, sollten Sie sich nicht unbedingt mit kreativen Aufgaben beschäftigen. Umgekehrt heißt das: Nutzen Sie die Phasen, in denen Sie »gut drauf sind«, um Ideen zu entwickeln.

Seien Sie hartnäckig. Viele Erfinder, Forscher und Kreative antworten auf die Frage, wie sie zu einer Idee gelangt sind, lapidar: »Es war ein Geistesblitz.« Dies erweckt den Eindruck, dass vor allem spontane Einfälle zu Lösungen führen. Dabei wird jedoch übersehen, dass hinter solchen »Geistesblitzen« in der Regel viele Wochen, Monate oder sogar Jahre harter Arbeit liegen. Vertrauen Sie also nicht darauf, dass Ihnen plötzlich der erleuchtende Gedanke kommt, sondern arbeiten Sie beharrlich an Ihrem Projekt, und verzweifeln Sie nicht, wenn sich die rettende Idee partout nicht einstellen will. Vertrauen Sie auf Ihre Vision, und geben Sie nicht leichtfertig auf. Aber bleiben Sie dabei locker. Je unverkrampfter Sie an der Lösung arbeiten, desto leichter wird sie sich einstellen.

Wie nutze ich Kreativitätstechniken?

Die gerade genannten generellen Empfehlungen werden Ihnen vermutlich nur selten zu greifbaren Ideen verhelfen, sondern lediglich den Ideenfindungsprozess erleichtern. Um wirklich konkrete Einfälle zu erlangen, rate ich Ihnen daher, spezielle Werkzeuge oder Verfahren anzuwenden – eine Auswahl an Methoden, die sich in der Praxis bewährt haben, finden Sie im Folgenden.

Kreativitätstechnik 1: Umkehrmethode. Überlegen Sie nicht, wie Sie ein Problem lösen können, sondern wie Sie es verschlimmern oder verschlechtern können. Diese Methode wird deshalb auch »Kopfstandtechnik« genannt. Wie können Sie Ihren Kunden verprellen? Wie können Sie den Prozess verlangsamen? Wie können Sie das Produkt verteuern? Der Trick bei dieser Methode: Der Druck, eine gute (positive) Lösung zu produzieren, fällt weg, Denkblockaden lösen sich auf, Energie wird freigesetzt – und die Ideen sprudeln. In einem zweiten Schritt werden die Ergebnisse dann natürlich in konstruktive Vorschläge übersetzt.

Kreativitätstechnik 2: Lexikon-Methode. Diese Methode lebt von zufälligen Assoziationen. Angenommen, Sie benötigen Ideen, wie Sie eine wichtige Kundenpräsentation ansprechend gestalten. Schlagen Sie ein Lexikon oder Wörterbuch an einer beliebigen Stelle auf. Was fällt Ihnen zu den Hauptwörtern auf der Seite ein? Förderband, Formular, Formhoch, Forschungsschiff, Förster – fünf Ergebnisse genügen vollauf, um Ideen zu erhalten. So könnten Sie etwa Ihren Vortrag mit der Expedition eines Forschungsschiffs vergleichen. Die Methode funktioniert auch mit anderen Inspirationsquellen, zum Beispiel einem Warenhauskatalog, Urlaubsprospekt oder einer Zeitschrift.

Kreativitätstechnik 3: Brainstorming. Die in den 1950er-Jahren von Alex Osborn erfundene Methode des Brainstormings ist derzeit umstritten – Experimente haben nämlich ergeben, dass einzeln nachdenkende Menschen mehr und bessere Einfälle haben als Gruppen. Die Ursache dafür ist, dass sich die Mitglieder skeptisch beäugen – wer hat bessere Ideen als ich? Hinzu kommt die Angst, etwas »Dummes« zu sagen. Dennoch ist es – unter bestimmten Bedingungen – sinnvoll, das Kreativitätspotenzial von Gruppen zu nutzen. Dabei sollten jedoch Vorgesetzte nicht anwesend sein. Und bevor die Gruppe zusammenkommt, um ein Problem zu lösen oder Ideen zu finden, sollte jeder Teilnehmer allein die Gelegenheit haben, Lösungsansätze zu suchen.

Kreativitätstechnik 4: **Brainwalking.** Eine Variante des Brainstormings ist das Brainwalking. Verteilen Sie Flipcharts oder große Papierbögen im Firmengebäude – von der Kantine über den Flur bis zur Toilette. Notieren Sie jeweils nur eine Frage auf dem Blatt, zum Beispiel »Wie können wir im Versand kosten sparen?« oder »Was wollen unsere Kunden in fünf Jahren?«. Sie können diese Methode sowohl anlässlich eines Workshops – für wenige Stunden – verwenden als auch die Blätter über mehrere Tage oder Wochen hängen lassen.

Kreativitätstechnik 5: **Methode 635.** Auch diese Technik basiert auf den gleichen Prinzipien wie das Brainstorming. Bringen Sie insgesamt sechs Teilnehmer an einen Tisch. Jeder erhält ein Formular mit drei Spalten und sechs Reihen, sodass sich 18 Kästchen ergeben. Nun beginnt jeder der sechs Teilnehmer, in der ersten Reihe drei Ideen (pro Spalte eine) zu formulieren. Jedes Blatt wird nach etwa fünf Minuten im Uhrzeigersinn weitergereicht, und zwar von allen Teilnehmern gleichzeitig. Der Tischnachbar versucht nun, die bereits auf dem Formular stehenden Ideen weiterzuentwickeln. Die Bezeichnung der Methode leitet sich ab von: sechs Teilnehmer, je drei Ideen, fünfmal Weiterreichen. Im Idealfall entstehen mit dieser Methode innerhalb von einer halben Stunde 108 Ideen.

Kreativitätstechnik 6: **Galeriemethode.** Der Workshopleiter erläutert das Problem. Danach entwickelt jeder Teilnehmer für sich eine Lösung und skizziert diese auf einem Blatt Papier. Anschließend werden alle Vorschläge wie in einer Kunstgalerie aufgehängt. Spannen Sie dazu eine Wäscheleine im Raum, oder heften Sie die Skizzen an Pinnwände. Nun besprechen alle Teilnehmer zusammen die einzelnen Vorschläge – unbrauchbare Ideen werden aussortiert, brauchbare weiterentwickelt. Nach einer vorgegebenen Zeit entscheidet sich die Gruppe für die weitere Ausarbeitung beziehungsweise Umsetzung eines Vorschlags. Übrigens: Kreativitätsfördernd und zudem zeitsparend ist die Tatsache, dass diese Kreativitätstechnik im Stehen stattfindet.

Kreativitätstechnik 7: Morphologischer Kasten. Zu einem bestimmten Problem werden zunächst alle wesentlichen Merkmale beziehungsweise Dimensionen auf einem DIN-A3-Blatt untereinander notiert. Wichtig dabei ist, dass die Merkmale unabhängig voneinander sein müssen. Im nächsten Schritt werden Ausprägungen des jeweiligen Merkmals rechts daneben geschrieben; aus praktischen Gründen sollten nicht mehr als acht Ausprägungen pro Merkmal genannt werden. Das Ergebnis ist eine Tabelle, in der jede Kombination von Ausprägungen aller Merkmale auf einen Blick ersichtlich ist. Angenommen, Ihre Aufgabe lautet, sich Gedanken über die Eröffnung einer Niederlassung in Indien zu machen, dann könnte der morphologische Kasten dazu so aussehen:

Der morphologische Kasten

Standort	Delhi	Mumbai	Pune	Kalkutta
Rechtsform	Joint-Venture	100-prozentige Tochter	Vertretung	Kooperation
Produkte	Nur LH-Maschinen	LH- und RF-Maschinen	nur RF-Maschinen	gesamte Palette
Eröffnung	2011	2012	2013	2014

Anschließend wählen Sie aus jeder Zeile eine Ausprägung des Merkmals – so entsteht schließlich eine Kombination von Ausprägungen. Diesen Schritt können Sie mehrfach wiederholen, bis Sie eine ausreichende Anzahl sinnvoller Kombinationen haben. Im Beispiel etwa »Delhi – Vertretung – LH-Maschinen – 2012« oder »Pune – 100-prozentige Tochter – gesamte Palette – 2014«. Übrigens: Diese Methode wird oft zur Produktneuentwicklung oder -weiterentwicklung eingesetzt.

Kreativitätstechnik 8: SCAMMPERR-Methode. Der Name dieser Technik – oder eher Checkliste – ist ein Akronym, wobei die einzelnen Buchstaben für Empfehlungen stehen, mit denen man einem Problem neue Aspekte abgewinnen kann. Die Methode wird vornehmlich zur Produktneuentwicklung oder -weiterentwicklung verwendet.

- Substitute (ersetzen): Kann man Komponenten, Materialien oder Personen von XY (durch andere) ersetzen?
- Combine (kombinieren): Kann man XY mit anderen Zusatzfunktionen oder Aggregaten vermischen?
- Adapt (ändern): Kann man die Funktion von XY verändern? Kann man für XY den Teil eines anderen Produkts verwenden?
- Magnify (vergrößern): Kann man XY sehr viel größer oder kleiner machen?
- Modify (abwandeln): Kann man die Gestalt, Farbe, Haptik, Akustik und so weiter von XY ändern?
- Put to another use (weitere Verwendung finden): Kann man XY in einem anderen Zusammenhang nutzen?
- Eliminate (entfernen): Kann man einzelne Elemente oder Komponenten von XY weglassen? Kann man XY auf seine Kernfunktion reduzieren? Kann man XY vereinfachen?
- Rearrange (umstellen): Kann man die Reihenfolge oder Anordnung der Komponenten oder Aggregate vertauschen?
- Reverse (umkehren): Kann man das Innere nach außen stülpen? Kann man XY auf den Kopf stellen?

Machen Sie sich Gedanken über das Ideenmarketing. Genauso wichtig wie die Ideenbeschaffung ist schließlich die Ideenbewerbung. Machen Sie sich rechtzeitig Gedanken darüber, wie Sie Ihre Idee publik machen und ihr zum Erfolg verhelfen. Denken Sie dabei nicht nur an die externe Öffentlichkeit, sondern zunächst einmal an die internen »Kunden«. Zahlreiche Studien haben nämlich gezeigt: Eitle Vorgesetzte und neidische Kollegen sind die gefährlichsten Innovationsbremsen. Überlegen Sie sich also, wie Sie diese Klippen umschiffen können. Bitten Sie zum Beispiel Ihren Vorgesetzten und Ihre Kollegen frühzeitig um Rat oder Hilfe (»Ich habe da eine grobe Idee und bräuchte mal Ihre Erfahrung. Was würden Sie denn machen...?«). Verkaufen Sie Ihre Idee dann so, als hätte Sie Ihr Vorgesetzter oder Kollege darauf gebracht (»Sie hatten vergangenes Jahr mal den Hinweis gebracht, dass ... Ihre Äußerung hat mich dazu inspiriert...«).

Informieren Sie Ihren Vorgesetzten oder die Kollegen nicht zu früh, aber auch nicht zu spät. Konkret heißt das: Ihre Idee sollte zwar halbwegs ausgereift, jedoch noch veränderbar sein. Auf jeden Fall sollten der Chef oder die Kollegen noch Verbesserungsvorschläge einbringen können.

Stellen Sie nicht Ihre Kreativitätsleistung in den Vordergrund, sondern den Nutzen, den Ihre Idee bringt. Schildern Sie also nicht ausführlich, wie viele Abende Sie über ein Problem sinniert haben, bis Sie zur Lösung gekommen sind, und beschreiben Sie nicht langatmig, wie viele Tests Sie unternommen haben. Sagen Sie lieber: »Dies ist mein Vorschlag. Damit können wir ... Außerdem profitieren unsere Kunden ...«

Wie kann ich meine Gedanken visualisieren?

Ein Bild sagt mehr als tausend Worte – so platt und alt diese Aussage auch ist, so sehr trifft sie noch immer zu. Egal, ob es darum geht, in einem Workshop die Lösung für ein Problem zu finden, in der Abteilungssitzung einen Vorschlag zu erläutern oder in einem Artikel den Zusammenhang zwischen zwei Faktoren darzustellen: Wenn Sie Ihre Gedanken mit einer aussagekräftigen Grafik unterstützen können, wird es Ihren Zuhörern beziehungsweise Lesern viel leichter fallen zu verstehen, was Sie meinen.

Je nach Situation und Anlass sind unterschiedliche Diagramme hilfreich. Im Folgenden finden Sie eine Übersicht der wichtigsten und gebräuchlichsten Diagramme. Diese sind übrigens Teil der sogenannten »sieben Management-Werkzeuge« und wurden ursprünglich vor allem im Qualitätsmanagement eingesetzt.

Diagrammarten und ihre Verwendungsmöglichkeiten

Wenn Sie ...	... dann verwenden Sie:
Ideen strukturieren möchten	ein Affinitätsdiagramm
komplexe Zusammenhänge aufzeigen möchten	ein Relationendiagramm
Einflussfaktoren systematisieren möchten	ein Baumdiagramm
die Dimensionen eines Problems veranschaulichen möchten	ein Portfoliodiagramm
Teilschritte eines Prozesses erläutern möchten	ein Ablaufdiagramm

Die Grafik »Möglichkeiten zur Visualisierung« zeigt Ihnen, wie diese fünf wichtigsten Diagrammarten aufgebaut sind.

Möglichkeiten zur Visualisierung

Affinitätsdiagramm

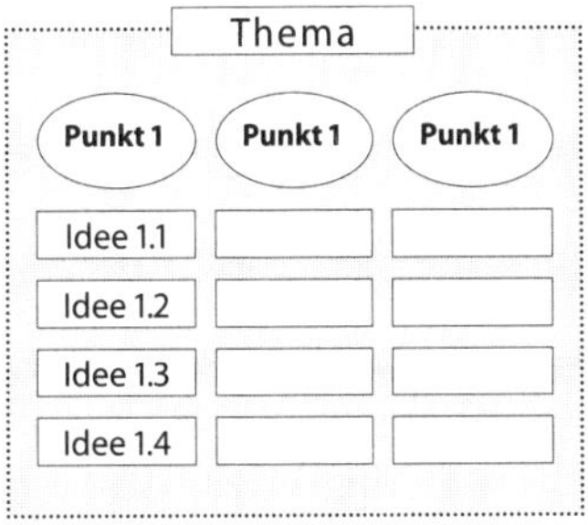

Baumdiagramm

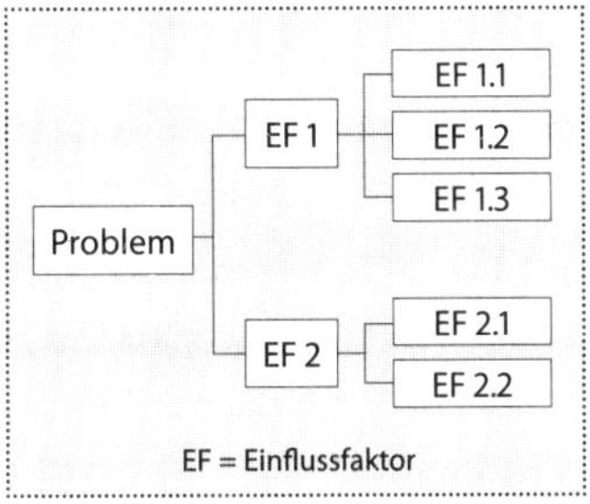

Portfoliodiagramm

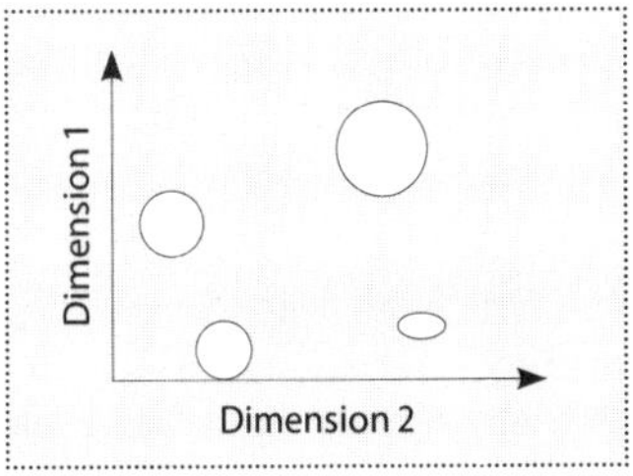

Ablaufdiagramm

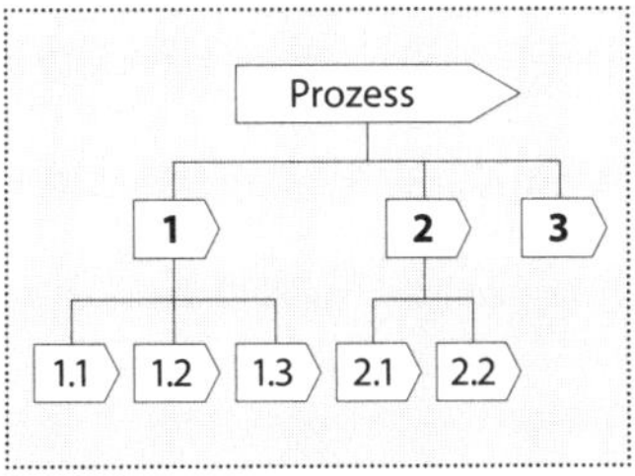

Relationendiagramm

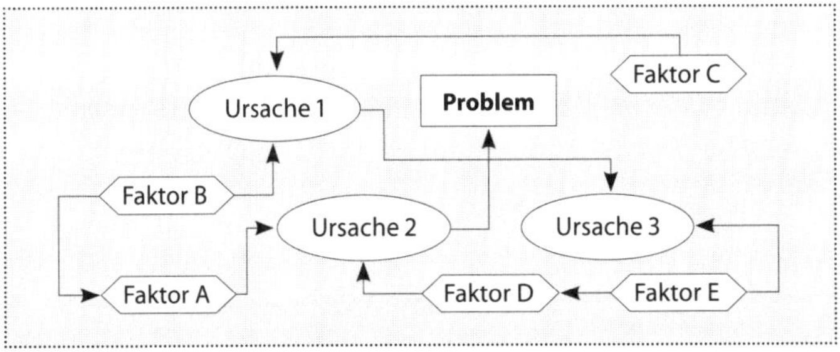

Wie kann ich Stress bewältigen?

Stress empfinden wir immer dann, wenn wir das Gefühl haben, eine Situation nicht im Griff zu haben, wenn uns die Anforderungen über den Kopf wachsen oder wenn wir für ein Problem keine Lösung wissen. Kurz gesagt: Stress kommt eigentlich nicht von dem, was wir erledigt haben, sondern von dem, was wir nicht geschafft haben: »Was wir nicht schaffen, das schafft uns.« Insofern sind alle Werkzeuge des Zeitmanagements gleichzeitig auch Methoden zur Stressbewältigung. Darüber hinaus gibt es einige andere Maßnahmen, um Stress abzustellen oder zumindest einzudämmen – um die geht es in diesem Kapitel.

Ermitteln Sie Ihre persönlichen Stressauslöser. Versuchen Sie, alle Faktoren herauszufinden, die bei Ihnen Stressgefühle auslösen. Mögliche Stressauslöser können zum Beispiel sein:

- schlechte Arbeitsbedingungen (zu wenig Platz, zu laut, zu warm ...),
- Zeitdruck/zu wenig Zeit zur Bewältigung von Aufgaben,
- Versagensangst oder Überforderung,
- ein neuer Aufgabenbereich,
- Konkurrenzdruck in der Abteilung,
- zu häufige oder zu strenge Beurteilungen,
- mangelnde Anerkennung durch Kollegen und/oder Vorgesetzte,
- monotone Tätigkeiten oder Langeweile,
- häufige Unterbrechungen (etwa durch Telefonanrufe),
- Streit mit Kollegen oder Mobbing,
- familiäre Probleme,
- zu viele Alltagssorgen,
- Zukunftssorgen.

Überlegen Sie sich, welche dieser Faktoren Sie beeinflussen können und was Sie tun müssen, um die Auslöser dauerhaft abzustellen. Sie könnten also zum Beispiel beim Vorgesetzten nach einem größeren Büro nachfragen, das Telefon zweimal täglich für eine Stunde daneben legen oder umleiten, ein klärendes Gespräch mit Kollegen suchen oder Unterstützung bei einer neuer Aufgabe anfordern.

Machen Sie eine Bestandsaufnahme. Vielleicht haben Sie auch Stress, weil Sie an einem Punkt angelangt sind, an dem Sie denken: »Ich schaffe das alles nicht mehr. Es ist einfach zu viel.« In einer solchen Situation hilft nur eines: eine umfassende Bestandsaufnahme zu machen. Nehmen Sie ein großes Blatt Papier und falten es einmal quer und einmal hoch, sodass vier Felder entstehen. Notieren Sie dann alle – auch die scheinbar kleinen – Projekte und Aufgaben, die Sie derzeit haben, getrennt in private und berufliche sowie in einmalige und langfristige Projekte. Dazu zählen auch Freizeitaktivitäten und »soziale Verpflichtungen«.

Bestandsaufnahme aller Projekte

Berufliche Dauerprojekte: ❑ Pressemitteilungen erstellen ❑ Controlling Marketingbudget ❑ Messeplanung ❑ …	**Private Dauerprojekte:** ❑ Großtante Elfriede betreuen ❑ Schriftführer im Volleyballverein ❑ Elternbeirat ❑ …
Berufliche Einmalprojekte: ❑ Prospekt »Produkt AB« erstellen ❑ Artikel über XY schreiben ❑ Firmenarchiv aktualisieren ❑ …	**Private Einmalprojekte:** ❑ Garage aufräumen ❑ Kinderzimmer streichen ❑ Geburtstag Heike vorbereiten ❑ …

Allein die Tatsache, dass Sie sich einen Überblick verschafft haben, kann helfen, Ordnung in das Chaos zu bringen. Im nächsten

Schritt sollten Sie dann überlegen, welche dieser Projekte beziehungsweise Aufgaben Sie als Erstes in Angriff nehmen sollten und welche Aufgaben Sie an andere delegieren oder welche Sie sofort erledigen können.

Wenden Sie Entspannungstechniken an. Bewegung und Entspannung sind bewährte Mittel, um Stress abzubauen. Ich empfehle Ihnen zwei einfache Übungen, die Sie – ohne sich vor den Kollegen lächerlich zu machen – jederzeit anwenden können:

Machen Sie es sich auf Ihrem Stuhl bequem. Legen Sie Ihre Arme locker auf die Oberschenkel, und lassen Sie Ihre Muskeln so locker wie möglich. Schließen Sie nun Ihre rechte Hand zur Faust, und achten Sie auf die Spannung in Ihrem Unterarm. Lassen Sie dann die Hand wieder locker. Merken Sie, wie sich die Muskeln wieder entspannen? Wiederholen Sie das mit Ihrer linken Hand sowie den beiden Oberarmen.

Stellen Sie sich an ein geöffnetes Fenster, schließen Sie die Augen, und atmen Sie kräftig aus. Atmen Sie langsam durch die Nase wieder ein. Achten Sie dabei darauf, wie sich Ihre Bauchdecke hebt und senkt.

▶ Gehen Sie spazieren

Sofern Sie nur temporär unter Stress leiden – das heißt, wenn Sie nur gelegentlich glauben, Sie könnten alle Ihre Aufgaben nicht erledigen –, dann gibt es ein simples, aber sehr wirkungsvolles Mittel, den Kopf frei zu bekommen: Gehen Sie spazieren! Nur eine halbe Stunde. Egal, ob im Stadtpark oder im Wald: Die Stille der Natur, die frische Luft, die wärmenden Sonnenstrahlen oder der eisige Wind werden Ihnen neue Kraft geben. ◀

Denken Sie positiv. Wer sich dauernd einredet: »Das schaffe ich nie«, der wird es voraussichtlich auch nicht schaffen. Geben Sie negativen Gedanken eine Abfuhr. Formulieren Sie für Ihre individuellen Stresssituationen positive Aussagen, wie etwa: »Klar, das packe ich – das ist eine Herausforderung für mich, aber ich werde gestärkt daraus hervorgehen.«

Lernen Sie, Nein zu sagen. Vielen Menschen fällt es außerordentlich schwer, eine Bitte abzulehnen. Das Fiese dabei ist: Ihre Mitmenschen wissen genau, wen sie um einen Gefallen bitten können. Wer nie Nein sagt, wird immer öfter um Hilfe gebeten. Ein Teufelskreis. Schalten Sie deshalb Ihre eingebaute »Ja-Automatik« aus. Klar, dazu muss man sich überwinden, das muss man üben. Vielleicht vor dem Spiegel? Begründen Sie auch stets in höflichem Ton, warum Sie etwas nicht machen, etwa so: »Nein, es tut mir leid, ich kann Ihren Bericht jetzt nicht korrigieren, weil ich bis heute Abend einen Artikel zu Ende schreiben muss.«

Führen Sie ein Tagebuch. Wenn Sie öfter das Gefühl haben, dass schon wieder ein Tag vergangen ist, an dem Sie nichts geschafft haben, dann führen Sie doch einmal über ein paar Wochen ein Tagebuch. Reservieren Sie sich zehn Minuten vor Feierabend, und notieren Sie, was Sie alles an diesem Tag getan haben. Versuchen Sie, sich an jeden Vorgang, jedes Telefonat, jedes Gespräch zu erinnern – Sie werden wahrscheinlich feststellen, dass Sie eine ganze Menge bewältigt haben. Vielleicht nicht immer so viel, wie Sie sich vorgenommen hatten, dafür haben Sie aber vielleicht viele Projekte ein kleines Stückchen vorangebracht.

Bauen Sie Rituale ein. Vorbeugend gegen Stress wirkt, wenn Sie es sich angewöhnen, Entspannungsrituale in Ihren Arbeitsalltag einzubauen. Genießen Sie beispielsweise jeden Morgen um 10 Uhr bewusst Ihr Lieblingsgetränk, sei es eine Tasse Cappuccino, Kräutertee oder eine Bionade – Hauptsache, Sie kommen für ein paar Minuten zur Ruhe.

Planen Sie Ihre Aufgaben abwechslungsreich. Achten Sie bei Ihrer täglichen Arbeitsplanung darauf, dass sich Routinetätigkeiten und interessantere Aufgaben abwechseln. Wer über einen längeren Zeitraum nur Langweiliges macht, hat eher das Gefühl, gestresst zu sein.

Wie bereite ich eine Geschäftsreise vor?

Abhängig von Ihrer konkreten Aufgabe und hierarchischen Stellung kann es sein, dass Sie für Ihren Arbeitgeber gelegentlich oder öfter verreisen müssen. Ob Tagestrip nach Köln oder eine Woche nach Kuala Lumpur – mit den folgenden Hinweisen vermeiden Sie größere Pannen auf Ihrem Businesstrip.

Planen Sie rechtzeitig. Sobald Ihr Dienstreisetermin feststeht, sollten Sie mit den Vorbereitungen beginnen. Reservieren Sie Bahn- oder Flugverbindungen, Hotelzimmer, Mietwagen und Besprechungszimmer. Sammeln Sie alle Reservierungsbestätigungen und Buchungsunterlagen in einer Mappe. Informieren Sie – sofern notwendig – Vorgesetzte, Mitarbeiter und Kollegen über Ihre Reisepläne.

Verbinden Sie mehrere Termine. Sofern es möglich ist, sollten Sie versuchen, verschiedene Auswärtstermine miteinander zu kombinieren. Wenn Sie zum Beispiel aus München anreisen, um in Hannover ein Gespräch zu führen, dann ist es auch nicht mehr weit zum Kunden Petermann in Hamburg, den Sie schon lange mal wieder hätten besuchen sollen. Wenn Sie geschickt planen, sparen Sie Zeit und Reisekosten.

Erstellen Sie eine Reisecheckliste. Halten Sie schriftlich oder gedanklich fest, welche Unterlagen und Arbeitsgeräte Sie für Ihren Auswärtstermin benötigen, wie zum Beispiel:

- Verträge, Aufzeichnungen, Protokolle und so weiter,
- Kalender,
- Laptop inklusive Netzkabel und gegebenenfalls Ersatzakku,
- Ladekabel für das Handy,
- Unterlagen, die Sie zwar nicht für den Termin benötigen, die Sie aber während der Warte- und Reisezeiten lesen oder bearbeiten können,
- Lesestoff zur Zerstreuung oder zur Weiterbildung.

Benutzen Sie praktisches Gepäck. Wenn Sie nur wenige Tage unterwegs sind, benötigen Sie keinen großen Urlaubskoffer – das wirkt nicht nur unprofessionell, sondern erschwert auch das Reisen. Für die meisten Geschäftsreisen genügt ein kleiner Rollkoffer mit Maßen bis zu 55 mal 40 mal 20 Zentimetern – ist dieser nämlich nicht schwerer als 8 Kilogramm, darf er als Handgepäck mit ins Flugzeug genommen werden.

Packen Sie reisetaugliche Kleidung ein. Nicht jedes Kleidungsstück ist gleichermaßen für unterwegs geeignet. Achten Sie darauf, knitterfreie Hemden beziehungsweise Blusen und Hosen oder Anzüge einzupacken. Nehmen Sie bei mehrtägigen Aufenthalten lieber ein Hemd beziehungsweise eine Bluse mehr mit, um für Saucenflecken oder andere Pannen gewappnet zu sein. Sollte Ihre Kleidung dennoch voller Knicke sein, so hilft ein simpler Trick: Lassen Sie in die Badewanne oder Dusche heißes Wasser ein, und hängen Sie Ihre Kleidungsstücke ins Bad – die Falten werden bald verschwunden sein. Wenn Sie oft verreisen müssen, sollten Sie sich einen eigenen Kulturbeutel für unterwegs anschaffen, damit Sie nicht jedes Mal die kosmetischen Artikel des täglichen Bedarfs neu packen müssen.

Packen Sie Ihren Koffer systematisch. Es gibt einige einfache Regeln, die dabei helfen, möglichst viel Gepäck auf wenig Raum unterzubringen, und die dafür sorgen, dass Ihre Kleider ordentlich am Reiseziel ankommen:

- Ganz unten in den Koffer kommen alle schweren Sachen wie Schuhe (in Beuteln), Bücher oder Föhn. Füllen Sie Schuhe und Leerräume mit zusammengerollten Socken und Unterwäsche auf. Die Schuhe behalten so gleichzeitig auch ihre Form.
- Packen Sie Hemden beziehungsweise Blusen versetzt in den Koffer, also das erste Hemd mit dem Kragen nach oben, das zweite Hemd mit dem Kragen nach unten und so weiter.
- Schreiben Sie Ihre Heimatanschrift sowie die Ihres Reiseziels auf einen großen Zettel und legen Sie diesen deutlich sichtbar obenauf in den Koffer.
- Wenn Sie mit dem Flugzeug verreisen und einen leicht verwechselbaren Koffer benutzen, so kennzeichnen Sie diesen mit einem auffälligen Merkmal, wie etwa einem roten Klebepunkt oder einem außergewöhnlichen Koffergurt – so finden Sie ihn schneller auf dem Gepäckband wieder.

Nehmen Sie wichtige Telefonnummern mit. In Ihrem Handy sollten für den Notfall (zum Beispiel Verspätungen oder kurzfristige Absagen) folgende Nummern gespeichert sein:

- Flughafenauskunft,
- Zugauskunft,
- Fluggesellschaft (Check-in),
- Mietwagenanbieter,
- Hotel,
- Unternehmen und Ansprechpartner, die Sie besuchen werden.

Gewöhnen Sie sich feste Plätze für Ihre Reisedokumente an. An Bahnhöfen, Flughäfen, Mietwagenterminals und Hotelrezeptionen geht es meist hektisch zu. Hinzu kommt, dass viele Menschen – auch Vielreisende – unterwegs ein wenig nervöser sind als sonst. Häufige Folge: Bei der Passkontrolle findet man den Personalausweis nicht, im Taxi hat man den Geldbeutel nicht parat, und beim Check-in kann man die Reservierungsbestätigung nicht auftreiben. Dem beugen Sie vor, indem Sie für alle wichtigen Unterlagen feste Plätze definieren. In die Brust- oder Handtasche kommt der Reisepass und ein Ausdruck der Buchung, der Geldbeutel ist stets in der vorderen Tasche des Aktenkoffers, und die Kreditkarten sind immer im Etui des Seitenfachs greifbar.

Wählen Sie »gute« Zimmer im Hotel. In jedem Hotel gibt es Zimmer unterschiedlicher Qualität – und Sie haben durchaus Einfluss darauf, eines der besseren zu bekommen. Versuchen Sie, ein Zimmer am Ende des Flures zu bekommen, dann haben Sie wesentlich weniger Lärmbelästigungen durch andere Hotelgäste. Außerdem sollten Sie sich nie ein Zimmer in Aufzugnähe geben lassen. Wählen Sie zudem ein Zimmer zum Innenhof – diese sind ruhiger als solche zur Straßenseite, es sei denn, Sie bevorzugen eine schöne Aussicht.

Und noch ein paar Tipps für den Hotelaufenthalt:

- Nehmen Sie sich gleich beim Check-in eine Visitenkarte des Hotels mit, insbesondere im Ausland – so finden Sie immer sicher zurück, weil Sie dem Taxifahrer nur die Karte zeigen müssen.
- Bevor Sie Ihren Koffer auspacken, prüfen Sie, ob das Zimmer Ihren Ansprüchen genügt: Ist vielleicht die Dunstabzugshaube der Küche direkt vor Ihrem Fenster? Oder liegt unterhalb Ihres Zimmers die Restaurantterrasse? Wenn Ihnen Ihr Zimmer aus einem dieser oder aus einem anderen Grund nicht zusagt, dann sollten Sie sich sofort wieder zur Rezeption begeben und ein neues Zimmer verlangen. Ist dies nicht verfügbar, dann bestehen Sie auf einem Preisnachlass.
- Kontrollieren Sie beim ersten Betreten Ihres Zimmers, ob Föhn

und Fernseher funktionieren und ob ausreichend Kleiderbügel, Toilettenpapier sowie Handtücher vorhanden sind.

- Kontrollieren Sie, ob die Minibar vollständig bestückt ist.
- Prüfen Sie, ob sich die Fenster und Balkontüren öffnen lassen.
- Ermitteln Sie, wo sich der nächstgelegene Fluchtweg befindet.

Machen Sie den internationalen Karriereführerschein

In fast jeder Branche erstreckt sich das Betätigungsgebiet längst nicht mehr nur auf die Region oder auf Deutschland. Geschäftsbeziehungen nach Brasilien, Singapur oder Ägypten sind für zahlreiche Firmen heute genauso normal wie Kontakte zu Kunden und Lieferanten aus Baden-Württemberg oder Bremen. Durch die Internationalisierung der Geschäftstätigkeit ändern beziehungsweise erweitern sich auch die Anforderungen an die Mitarbeiter. Interkulturelle Kompetenz ist gefragt. Was versteht man darunter, und was heißt das konkret für Sie?

Interkulturelle Kompetenz ist – vereinfacht gesagt – die Fähigkeit, mit Menschen anderer Kulturkreise so umzugehen, dass sich alle Beteiligten wohlfühlen. Es geht also darum, die grundlegenden Wertvorstellungen von Menschen aus fremden Kulturen zu achten und niemanden »vor den Kopf« zu stoßen. Keiner verlangt, dass man sämtliche Regeln und Gepflogenheiten anderer Nationen unreflektiert gutheißt oder sogar vorbehaltlos imitiert. Wohl aber sollte man sich Mühe geben, andere zu verstehen, deren Denken zu respektieren und die wichtigsten Etiketteregeln zu befolgen. Dies gilt unabhängig davon, ob man im Ausland unterwegs ist oder zu Hause ausländische Geschäftspartner trifft. Im Klartext bedeutet das:

- Gehen Sie neugierig, offen und interessiert auf Menschen anderer Kulturen zu.

- Versuchen Sie, eventuell vorhandene Vorurteile zu ignorieren, und machen Sie sich selbst ein Bild.
- Sofern Sie Geschäftskontakte zu Personen aus anderen Kulturkreisen haben, erkundigen Sie sich nach den jeweils schlimmsten Fettnäpfchen. In den Buchhandlungen und im Internet gibt es ausreichend Informationen über landes- und kulturspezifische Anstandsregeln, Sitten und Gebräuche – wie etwa, dass man in Asien Visitenkarten stets mit zwei Händen entgegennimmt oder dass man in Mexiko nicht pünktlich zu einem Essen erscheinen sollte. ◀

Schriftliche Kommunikation

Sich schriftlich klar und stilsicher ausdrücken zu können, die Besonderheiten verschiedener Textarten zu kennen und einige rhetorische Tricks zu beherrschen – diese Kenntnisse sind grundlegend und wichtig für den Berufsalltag, denn sie sind die wesentlichen Voraussetzungen, um die eigenen Gedanken verständlich vermitteln zu können. Was nutzt schließlich die beste Idee der Karriere, wenn man sie nicht deutlich erklären kann?

Machen Sie sich bewusst, dass bei der schriftlichen Kommunikation Zusatzinformationen fehlen, die es bei mündlicher Kommunikation gibt, etwa Gestik, Mimik, Tonfall oder der Klang der Stimme. Zudem hat der Empfänger/Leser nicht die Möglichkeit zurückzufragen. Es ist daher schwieriger, sich verständlich zu machen. Sie müssen sich also – noch mehr als in Gesprächen – darum bemühen, Ihre Inhalte und Botschaften unmissverständlich zu äußern. Nie dürfen Sie sich damit entschuldigen, dass die Leser einfach zu »dumm« waren, Ihren Text zu verstehen. Die Kommunikationsforschung ist sich heute einig: Der Leser hat (fast) immer Recht. Es kommt darauf an, was er versteht, nicht, was Sie gemeint haben.

Wie verfasse ich verständliche Texte?

Die folgenden Aussagen und Hinweise gelten für alle Formate der schriftlichen Kommunikation. Die Besonderheiten einzelner Formate werden in den jeweiligen Abschnitten in diesem Kapitel genannt.

Stellen Sie sich die Frage der Bedeutung. »Habe ich wirklich etwas Wichtiges oder Neues mitzuteilen?« Wenn nicht, dann sollten Sie sich in Zurückhaltung üben und darauf verzichten, Ihren Text zu verfassen. Kämpfen Sie gegen die Geschwätzigkeit an. Um es deutlich zu sagen: Greifen Sie nur dann zu Stift oder Tastatur, wenn Sie etwas Bedeutsames mitzuteilen haben. Und äußern Sie sich nur, wenn Sie die Materie verstanden haben. Cato der Ältere meinte dazu: »Beherrsche die Sache, dann folgen die Worte.«

Klären Sie Ihr Ziel. Fragen Sie sich stets: »Was ist meine Absicht, was möchte ich mit meinem Text überhaupt erreichen?« Möchten Sie etwas kommentieren oder für etwas werben? Möchten Sie Ihre eigene Kompetenz unter Beweis stellen? Möchten Sie die Leser motivieren, sie loben oder Kritiker überzeugen? Oder möchten Sie einfach einen Sachverhalt emotionslos und objektiv darstellen, etwas erklären oder über etwas informieren? Je nach Kommunikationsziel sollten Sie Folgendes beachten:

Kommunikationsziele und ihre Konsequenzen

Kommunikationsziel	Konsequenz
etwas kommentieren	• Ich-Form wählen • klare Position beziehen • Sachverhalte bewerten
für etwas werben	• emotionaler Ton • neugierig machen • viele Fragen stellen (und beantworten) • Probleme aufzeigen und Lösung vorschlagen • Vergleiche bringen
eigene Kompetenz beweisen	• Thema einordnen • Prognosen abgeben • Hintergründe nennen • Fakten bringen

etwas erklären / über etwas informieren	• sachlicher Ton • viele Beispiele bringen • Aussagen stets begründen • Bedeutung und Nutzen für den Leser herausstellen

Klären Sie, welche Inhalte Sie mitteilen möchten. Fassen Sie Ihre Inhalte in Kernaussagen zusammen. Versuchen Sie dabei, mit möglichst wenigen (Kern-)Botschaften auszukommen. Fragen Sie sich dabei stets: Wie kann ich meinen Lesern einen Mehrwert beziehungsweise Nutzen verschaffen?

Ermitteln Sie den »besten« Absender und Zeitpunkt. Klären Sie, ob Sie es sein müssen, der die Botschaft übermittelt. Wäre ein anderer (Kollege, Vorgesetzter, Mitarbeiter) eventuell besser geeignet? Bestimmen Sie auch den »idealen« Kommunikationszeitpunkt. Machen Sie sich bewusst: Jede Idee braucht ihre Zeit. Im schlechtesten Fall geht die eigene Botschaft im Rauschen des Informationswaldes unter, weil es zeitgleich andere Ereignisse gibt, die für die Zielgruppe wichtiger sind. So kann die Bilanzpressekonferenz eines großen Wettbewerbers die eigene Pressemitteilung auf hintere Seiten verdrängen. Andererseits kann zum Beispiel ein Werbebrief gerade dann besonderes Interesse wecken, wenn es dafür einen allgemein bedeutsamen Anlass – etwa eine Messe – gibt.

Wählen Sie ein geeignetes Format. Fragen Sie sich: »Wie oder womit übermittele ich mein Anliegen am besten?« Mit anderen Worten: Überlegen Sie, mit welchem Format Sie Ihr Ziel am besten erreichen. So eignen sich manche – oft private oder heikle – Themen nicht für die schriftliche Kommunikation, sondern eher für persönliche oder telefonische Gespräche. Auch ist offensichtlich, dass eine handgeschriebene Geburtstagskarte für den Hauptkunden besser ankommt als eine E-Mail.

Je wichtiger – in Ihren Augen und in denen des Empfängers – die Botschaft ist, die Sie übermitteln wollen, desto sorgfältiger sollten Sie das Medium beziehungsweise das Format auswählen. Grundsätzlich gilt: Je weitreichender und langfristiger wirkend Ihre Aussagen sind, desto eher sollten Sie sich für konventionelle Varianten (etwa einen Brief) entscheiden, und je mehr Sie überzeugen oder Neues vermitteln wollen, desto eher eignen sich außergewöhnliche Alternativen (etwa nacheinander drei Postkarten versenden). Die Vielfalt an Formaten, die Ihnen zur Verfügung steht, zeigt die folgende Übersicht.

Übersicht verschiedener Formate

- Anzeigen (Produkt oder Unternehmen)
- Artikel für Mitarbeiterzeitungen
- Artikel in Fachmagazin
- Artikel in regionaler Tageszeitung
- Artikel in überregionaler Tageszeitung
- Außenwerbung
- Autowerbung
- Bastelbögen
- bedruckte Werbegeschenke / Give-aways
- Brief (persönlich)
- Brief (Serie)
- einseitige Kurzinformation
- Elevator Speech (kurzer Vortrag)
- E-Mail
- Fachtagung
- FAQ-Liste
- Filme
- Flyer / Broschüren
- Gewinnspiel / Preisausschreiben
- Internetseite
- Interview
- Kundenveranstaltung
- Messe / Ausstellung
- Mitarbeiterrundschreiben
- Multiplikatorenworkshop
- Newsletter
- Plakat / Poster
- Postkarte
- Postwurfsendung
- Pressemitteilung
- Produktkatalog
- Radiowerbung
- Rede / Vortrag
- Revers-Anstecker
- Rundschreiben
- Sammelordner
- Seminare
- SMS
- Songsheets (Gesprächsleitfaden)
- Stellenanzeigen
- Telefonat
- Werbegeschenke
- YouTube-Video

Beachten Sie das Vorwissen Ihrer Leser

Ohne Kenntnis der intellektuellen Fähigkeiten und des fachlichen Hintergrunds der Empfänger scheitert jede Kommunikation. Lesern der *BILD-Zeitung* darf man eben keinen *ZEIT*-Jargon zumuten, und jeder IT-Fachmann wird sich langweilen, wenn Sie ihm den Unterschied zwischen Linux und Microsoft erklären. Über- und unterfordern Sie Ihre Leser nicht. Bringen Sie zudem die heiklen Themen der Leser in Erfahrung – halten Sie sich an das Sprichwort: »Sprich mit den Gänsen nicht über Weihnachten.«

Fassen Sie sich kurz. Im Kampf um die Aufmerksamkeit der Leser können Sie nur gewinnen, wenn Sie sich auf das Wesentliche konzentrieren. Lyrik und Belletristik sind literarische Formen, in denen mitunter ausschweifende Darstellungen geschätzt werden; auch ein privater Brief darf lang sein – nicht jedoch Geschäftskorrespondenz. Fragen Sie sich immer: Welche Absätze, Sätze und Wörter kann man weglassen, ohne dass der Sinn verloren geht? Beschreiben Sie Details nur dann, wenn sie etwas bedeuten. Aber Achtung! Übertriebenes Bemühen um Kürze kann Missverständnisse verursachen, sprachliche Härten erzeugen oder zu einem holprigen und unrhythmischen Stil führen.

Begründen Sie Ihre Aussagen. Der Inhalt Ihres Textes soll für die Leser jederzeit nachvollziehbar sein. Deshalb sollten Sie Ihre Aussagen nicht nur in den Raum stellen, sondern stets begründen, warum Sie einer bestimmten Ansicht sind. Formulieren Sie also nicht: »Wir brauchen ein neues Ladenschlussgesetz.« Sondern: »Wir brauchen ein neues Ladenschlussgesetz, denn dann könnten innovative und engagierte Händler ihre Geschäfte länger öffnen, mehr Kunden kämen, die Umsätze würden steigen und neue Arbeitskräfte eingestellt.«

Geben Sie anschauliche Beispiele. Verständlich wird Ihre Argumentation dann, wenn Sie konkrete Beispiele aus der Erfahrungswelt

Ihrer Leser liefern. Bedenken Sie aber, dass Beispiele schnell veralten – der Lorbeer von heute ist der Kompost von morgen. Vor allem in Texten mit einer längeren Lebensdauer (Artikel, Studien, Bücher) sollten Sie entweder Ihr Beispiel mit einer Zeitangabe versehen (»das im Herbst 2011 erfolgreiche Unternehmen XY…«) oder nur solche Beispiele wählen, die auch künftig Ihre Aussage belegen können.

Schreiben Sie (chrono-)logisch. Damit Leser Ihre Gedanken schnell und ohne Missverständnisse nachvollziehen können, sollten Sie stets den Grundsatz berücksichtigen, den Wilhelm Busch sehr treffend so formuliert hat: »Er sagt es klar und angenehm, was erstens, zweitens, drittens käm.« Eine klare Abfolge der Handlung – im Text insgesamt und innerhalb eines jeden Satzes – ist eine der wichtigsten Grundregeln für einen leicht verständlichen Text. Dies erreichen Sie vor allem, indem Sie Ihre Aussagen chronologisch anordnen. Achten Sie auch darauf, dass jeder Absatz selbstständig ist und einen zentralen Punkt beinhaltet. Auch sollte jeder Satz in sich geschlossen sein und nur einen Gedanken beschreiben.

Verwenden Sie Satzzeichen. Satzzeichen erleichtern das Textverständnis – sofern sie richtig eingesetzt werden. Hier ein paar Regeln:

- Verwenden Sie Kommas statt Punkte, um kurze Hauptsätze voneinander zu trennen.
- Mit Doppelpunkten können Sie eine kleine Spannung aufbauen: Was kommt danach?
- Der Gedankenstrich ist ein stärkeres Gliederungsmittel als Komma oder Doppelpunkt; auch er trennt Satzbestandteile und sollte nur dort eingesetzt werden, wo er die Verständlichkeit erhöht.
- Wenn Sie Fragezeichen – auch in der indirekten Rede – verwenden, wirkt Ihr Text lebendiger.

- Ausrufezeichen dürfen nicht nur nach Befehlen oder Aufforderungen stehen, sondern können auch besonders Unerhörtes abschließen. Wiederholen Sie jedoch das Ausrufezeichen nicht mehrfach, wie etwa: »Ich freue mich auf unser Gespräch!!!«
- Eine übertriebene Anwendung der Interpunktionszeichen kann einem Text allerdings die Übersichtlichkeit rauben und den Leser verwirren. Sehr sparsam sollten Klammern gesetzt werden, weil sie den Lesefluss stören. Besser ist es oftmals, die Ergänzung oder den Nebensatz, sofern es inhaltlich geht, zwischen zwei Kommas zu platzieren. Dies gilt freilich nicht, wenn beispielsweise die Abkürzung eines Begriffs nachgetragen werden soll.

▶ Achten Sie auf ein zeitgemäßes Layout

Genauso bedeutsam wie der Inhalt eines Textes ist sein Äußeres, also das Layout. Auf den Punkt gebracht hat das bereits im 19. Jahrhundert der österreichische Schriftsteller Franz Grillparzer: »Wen das Auge nicht überzeugen kann, überredet auch der Mund nicht.« Zahlreiche Studien aus moderneren Zeiten haben nachgewiesen, dass die grafische Anmutung eines Textes ganz maßgeblich die Wahrnehmung des Lesers beeinflusst. So schreckt eine »Bleiwüste« – ein extrem eng beschriebenes Blatt – den Leser ab; man vermutet »schwere Kost« und fängt erst gar nicht an, das Schriftstück zu lesen. Oder aber, wenn man den Text unbedingt lesen muss, so ist man gleich negativ eingestellt.

Durch eine klare, sichtbare inhaltliche Struktur mithilfe von Gestaltungsmitteln wie Schriftart, Schriftgröße, Absätzen oder Zwischentiteln erleichtern Sie dem Leser das Verständnis und geben ihm eine Orientierungshilfe. Die wichtigste Empfehlung lautet deshalb: Bemühen Sie sich darum, die Klarheit Ihrer Gedanken auch im Äußeren zu zeigen. Denn ein strukturierter Text lässt Rückschlüsse auf die strukturierten Gedanken des Schreibers zu. ◀

Die wichtigsten Layoutregeln bei der Erstellung von Texten am Computer

Verwenden Sie eine klare, übliche Schriftart – sofern es keine Hausschriftart gibt. Bei der Wahl der Schriftart sollten Sie überlegen, ob sie zum Unternehmen passt. Eine Firma, die sich modern und aufgeschlossen gibt, sollte ihre Schriftstücke nicht in einer »verschnörkelten«, altertümlichen Schrift abfassen. Schließlich kleiden sich Banker auch mit Nadelstreifen und nicht mit Nietenjacken. Mit der Schriftart »Arial« sind Sie eigentlich immer auf der sicheren Seite – da können Sie nichts verkehrt machen. Innerhalb eines Textes sollten Sie bei einer Schriftart und -größe bleiben; gegebenenfalls können Sie – bei langen Texten – die Überschriften in einem anderen Font erstellen. Gehen Sie mit Hervorhebungen bitte sehr sparsam um, und verwenden Sie Fett-, Kursiv- oder Großdruck nur, wenn es unbedingt sein muss, und dann auch nur eine Art der Hervorhebung.

Nutzen Sie die normale Groß- und Kleinschreibung. Bitte verzichten Sie darauf, nur in Kleinbuchstaben zu schreiben – dies ist genauso unzeitgemäß wie Hervorhebungen durch GROSSBUCHSTABEN.

Bringen Sie möglichst wenig »Schwarz« auf das Papier, und verwenden Sie einen mindestens 2 Zentimeter breiten Rand. Gönnen Sie Ihren Sätzen (und Lesern) also links und rechts ausreichend Luft zum Atmen. Richten Sie zudem einen großen Zeilenabstand ein – ein Abstand von 1,3 Punkt hat sich als besonders angenehm für das Auge erwiesen.

Fügen Sie regelmäßig kurze, durch Leerzeilen getrennte Absätze ein. Nach etwa acht Zeilen sollten Sie einen Absatz schalten. Das heißt natürlich nicht, dass Sie nicht über neun Zeilen hinaus schreiben dürfen. Absätze sollten inhaltlich in sich geschlossen sein.

Verwenden Sie bei längeren Texten wie Berichten, Protokollen oder Artikeln Zwischenüberschriften. Diese verschaffen dem Auge »Haltepunkte« und helfen dem Leser, sich zu orientieren. Versuchen Sie immer, Zwischenüberschriften aktivisch zu formulieren, also ein Verb zu verwenden. Noch besser ist es meistens, wenn Sie die Frageform verwenden. Schlecht ist also zu schreiben: »Organisationsformen«. Besser: »So können wir unseren Vertrieb organisieren.« Sehr gut: »Welche Möglichkeiten haben wir, unseren Vertrieb zu organisieren?«

Arbeiten Sie bei (längeren) Zitaten, Tipps oder Maßnahmen mit Einrückungen: Lassen Sie – zusätzlich zum Rand – links und rechts noch einen Zentimeter mehr Platz.

Verwenden Sie Aufzählungszeichen und Nummerierungen. Wenn für Ihre These fünf Argumente sprechen, warum machen Sie dann nicht einfach fünf Aufzählungspunkte? Sofort wird dem Leser optisch klar, was Sie alles zur Unterstützung Ihrer Aussage ins Feld führen. Und wenn von sieben Regeln die Rede ist, dann freut es den Leser, wenn er auch die Ziffern 1 bis 7 liest.

Fügen Sie aussagekräftige Grafiken ein. Gute Abbildungen unterstützen das geschriebene Wort und machen den Text verständlicher. Wenn Sie in einem Präsentations- oder Bildprogramm Grafiken erstellen, dann wählen Sie bitte keine zu geringe Schriftgröße oder zu kleinen Symbole. Denn Abbildungen werden in der Regel verkleinert (oft bis auf ein Viertel ihrer Originalgröße) in einen Text eingefügt – sie sind dann nur noch mithilfe einer Leselupe zu entziffern. Noch ein Praxistipp: Da die meisten Schriftstücke heutzutage immer noch am Laserdrucker ausgedruckt werden, sollten Sie Ihre Abbildungen in schwarz-weiß erstellen – dies gilt insbesondere für Diagramme. Farbunterschiede können nämlich sonst kaum erkannt werden. Auch Tabellen können das Textverständnis enorm erhöhen – dafür gelten sinngemäß die gleichen Empfehlungen wie für Grafiken.

Verwenden Sie ein übersichtliches und sparsames Layout. Verzichten Sie auf (zu viele) Farben und andere Arten von Hervorhebungen. Denken Sie immer daran: Verständlichkeit hat Vorrang vor visueller Einmaligkeit; weniger ist mehr. ◀

Planen Sie das Organisatorische und die Folgen Ihres Textes. Mit Bert Brecht lässt sich formulieren: »Die Mühen der Gebirge liegen hinter uns, vor uns liegen die Mühen der Ebenen.« Wer glaubt, die schwerste Arbeit sei getan, wenn der Text geschrieben ist, der täuscht sich, denn jede Kommunikation hat auch Einfluss auf die folgenden Prozesse. Anders ausgedrückt: »Den Worten müssen Taten folgen.« Häufig folgt aber – nichts. Die Ankündigung, Details zum neuen Produkt auf die Website zu stellen, bleibt eine Ankündigung, denn es wurde vergessen, den Online-Verantwortlichen zu informieren. Oder in einem Mitarbeiterrundschreiben wird versprochen, einen Kummerbriefkasten aufzuhängen – selbigen sucht die Belegschaft nach Monaten aber noch immer vergeblich. Oder in einem Werbebrief wird ein neues Produkt vorgestellt, das aber erst nach einigen Wochen bei den Händlern eintrifft. Bedenken Sie also stets, welche Konsequenzen Ihr Text hat.

Machen Sie sich im Vorfeld Gedanken über den »Produktionsprozess«. Klar, ein normaler Brief wird von Ihnen selbst oder der Sekretärin geschrieben und zur Poststelle gebracht. Was aber ist mit einer Studie? Wer koordiniert die Zusammenarbeit mit der Agentur und dem Drucker? Und wer sorgt dafür, dass der neue Katalog zu den Außendienstmitarbeitern kommt? Wer ist dafür verantwortlich, dass die Tagungsteilnehmer eine Schriftfassung der Vorstandsrede bekommen? Wer organisiert die Pressekonferenz? Gerade an diesen scheinbar unwichtigen Details ist schon manch noch so verständlicher Text gescheitert.

Wie schreibe ich stilsicher?

Bevor es gleich ausführlicher um einzelne Textarten und ihre Besonderheiten geht, möchte ich Ihnen noch einige Tipps geben, wie Sie generell stilsicher und überzeugend formulieren – egal, um welche Textart es sich handelt.

Vermeiden Sie den Nominalstil. Verbal formulierte Sätze sind meistens besser zu verstehen als nominal formulierte. Das heißt »planen« ist verständlicher als »einen Plan durchführen«. Und »eine Buchung vornehmen« lässt sich einfacher und kürzer mit »buchen« sagen. Der Nominalstil heißt so, weil Hauptwörter (Nomen) und »Streckverben« verwendet werden, anstatt einfach nur ein Verb zu benutzen. Den Nominalstil erkennt man zumeist an der Substantivendung -ung, zum Beispiel »Durchführung«, »Prüfung«, »Planung«, »Errichtung« ...

Schreiben Sie nicht im Passivstil. Aktiv geschriebene Sätze sind besser zu verstehen als passiv formulierte. Zudem wird beim Passiv der Handelnde beziehungsweise der Verantwortliche nicht genannt. Dazu ein Beispiel: »Die Rechnung wird Ihnen zugesandt« ist passiv und unschön. Besser ist: »Wir senden Ihnen die Rechnung zu.«

Benutzen Sie keine Floskeln. »Ausgelutschte« Formulierungen oder »verbrauchte« Metaphern sind Anzeichen eines schlechten Stils. Dazu einige Beispiele: »Das lässt sich nicht auseinanderdividieren« – »Das müssen wir proaktiv lösen« – »In trockene Tücher bringen« – »Den Ball flach halten«. Genauso überflüssig wie solche Floskeln sind zumeist hohle, nichtssagende Begriffe wie etwa »flexibel«, »zielorientiert«, »teamorientiert«, »ergebnisorientiert«, »innovativ«, »relevant«, »effektiv« oder »effizient«. Verzichten Sie auf solche Floskeln und Wörter, und finden Sie stattdessen klare, einfache Ausdrücke.

Vermeiden Sie Füllwörter. Im persönlichen Gespräch neigen viele Menschen dazu, mehr Worte zu gebrauchen als erforderlich, um die reine Information zu vermitteln – sie verwenden Füllwörter. Leider ist dies auch bei geschriebenen Texten so. Wörter wie »nun«, »dann«, »also«, »jedoch«, »aber«, »natürlich«, »eigentlich«, »ein bisschen«, »wie gesagt« oder »vielleicht« lassen sich in der Schriftsprache oft ersatzlos streichen, ohne dass der Sinn des Textes verändert wird. Will man seinen Text jedoch bewusst der mündlichen Sprache annähern, dann ist es aus meiner Sicht in Ordnung, Füllwörter zu benutzen.

Verzichten Sie möglichst auf Fachwörter, Fremdwörter und Anglizismen. Fachwörter sind Passwörter; sie signalisieren Zugehörigkeit zu einer Expertengruppe – dort sind sie auch willkommen, denn sie erleichtern die Kommunikation unter den »Eingeweihten«. Außerhalb solcher Expertengruppen sollten Fachwörter aber stets in verständliches Deutsch übersetzt werden. Ähnliches gilt für Fremdwörter; diese sind nur dann eine Bereicherung, wenn Schreiber und Empfänger sie verstehen. Anglizismen sind – in einem gleichbedeutenden Sinn – ebenfalls nicht grundsätzlich abzulehnen. Dort, wo es keine passende deutsche Übersetzung gibt, dürfen schon mal Importe aus dem Englischen stehen, ansonsten sollte das verständliche deutsche Wort Vorfahrt haben.

Vermeiden Sie inhaltslose »Vorreiter« und Aussagen (Leerformeln). Sogenannte Vorreiter können Sie fast immer ersatzlos streichen, etwa: »Wir nehmen Bezug auf …« – »Hiermit teilen wir Ihnen mit …« – »Mit diesem Schreiben …«. Gleiches gilt für leere Aussagen. Mit einem einfachen Trick lassen sich solche Passagen aufspüren: Sie können Leerformeln identifizieren, wenn Sie die Aussage verneinen. Ergibt sich aus der Negation eine Alternative, die überhaupt nicht in Betracht kommt, so ist die Aussage eine Plattheit und bietet keine Orientierung. Dazu ein Beispiel: »Organisieren Sie das Projekt gründlich!« Verneinen Sie den Satz (»Organisieren Sie das Projekt nicht gründlich!«), so wird klar: Hier wird eine Selbstverständlichkeit formuliert, die keinen Erkenntniswert hat. Vermeiden Sie also Geschwätzigkeit, und verzichten Sie auf solche Leerformeln!

Vermeiden Sie lange Sätze. Jeder einzelne Satz muss beim ersten Lesen verstanden werden. Die Sätze dürfen deshalb nicht zu lang sein. Die ideale Satzlänge gibt es zwar nicht, dafür eine Faustregel: Sie sollten versuchen, in den meisten Sätzen mit fünfzehn Wörtern auszukommen. Das gelingt Ihnen meist schon, wenn Sie in einem Satz nur einen Gedanken bringen. Als Obergrenze gilt: Kein Satz sollte länger als zwei Zeilen sein. Sie finden übrigens ganz einfach heraus, ob ein Satz zu lang ist, wenn Sie ihn laut lesen. Müssen Sie dabei Luft holen, ist der Satz zu lang. Passen Sie aber gleichzeitig auch auf, dass kein »Kasernenhofstil« entsteht. Wechseln Sie daher zwischen kurzen und mäßig langen Sätzen.

Halten Sie den Satzbau einfach. Ein normaler deutscher Satz besteht in der Regel aus Subjekt (S), Prädikat (P) und Objekt (O); er beschreibt: Wer tut was? Ergänzungen werden in der Reihenfolge Zeit, Ort sowie Art und Weise genannt. Weichen Sie von diesem Standardsatzbau möglichst selten ab. Sie können das Objekt mal nach vorne stellen, wenn Sie dieses besonders betonen wollen. Ansonsten erweisen Sie bitte dem Leser den Gefallen, und halten Sie sich an die Reihenfolge S-P-O.

Verschachtelte Relativsätze mögen zwar beeindruckend sein, sie tragen aber nicht zur Verständlichkeit bei. Wichtige Aussagen gehören in reine Hauptsätze ohne Nebensätze und Einschübe. Diese unterbrechen nämlich den Gedankengang, lenken den Leser ab und machen ihm Mühe, den Inhalt zu verstehen. Deshalb sollten Sie auch nie zusammengesetzte Verben trennen – wie in diesem Negativbeispiel: »Die XY Multimedia Solutions GmbH bietet als 100-prozentige Tochter der AB Systems International GmbH (AB), ein Geschäftsbereich der CD AG, in einer B2B-Wertschöpfungskette Kunden, deren eigene Wertschöpfung über webbasierte Anwendungen (zum Beispiel Online-Verkaufsportale) erfolgt, individuelle Softwarelösungen und Softwaredienste an.«

Für den nächsten Party-Small-Talk hier noch ein bisschen neurologisches Hintergrundwissen: Unser Gehirn stellt bereits am Anfang eines Satzes Vermutungen darüber an, wie es weitergehen könnte. Einschübe sorgen dafür, dass es länger bis zur »Auflösung« dauert. In der Zwischenzeit muss sich das Gehirn den ersten Satzteil merken – gedankliche Schwerstarbeit, die Sie dem Leser ersparen sollten.

Verwenden Sie keine unkonkreten Wörter. Abstrakte Wörter sind schwer zu verstehen und tragen oft nicht zur Erhellung des Gemeinten bei. Je konkreter ein Wort ist, desto leichter »findet« es das Gehirn und desto eher werden Emotionen und Bilder ausgelöst. An amerikanischen Drehbuchschulen wird deshalb den angehenden Autoren gelehrt: »Show, don't tell!« Frei übersetzt heißt das: »Mach es anschaulich.« Für Texte jeder Art bedeutet dies konkret:

- Vermeiden Sie unkonkrete, allgemeine Substantive, die oft auf -ung, -heit, -keit, -ät, -ion oder -ive enden, zum Beispiel »Geldabwertung«, »Beschaffenheit«, »Lieferfähigkeit«, »Trivialität«, »Projektion« oder »Perspektive«.
- Vermeiden Sie »hohle« Substantive wie »Gebiet«, »Bereich«, »Ebene«, »Umfeld«, »Sektor« oder »Raum«.
- Stellen Sie das Allgemeine durch das Besondere dar. Sprechen Sie also nicht von einem »internationalen Großflughafen«, sondern von »London Heathrow Airport«; schreiben Sie nicht »Bäume«, sondern »Buchen«.
- Bringen Sie lieber Beispiele statt Gattungsbegriffe. Also statt »Immobilien« besser »Häuser«, »Eigentumswohnungen«, »Geschäftsbauten«.
- Seien Sie genau! Sprechen Sie nicht von »leicht«, wenn Sie wissen, dass es 20 Gramm sind, oder konkretisieren Sie »schnell«, indem Sie 220 Stundenkilometer schreiben!

Vermeiden Sie negative Formulierungen. Der Durchschnittsmensch braucht etwa anderthalbmal so lange, um eine verneinende Satzaussage zu verstehen, als eine bejahende. Formulieren Sie positiv, denn der Leser will nicht wissen, was nicht ist. Negative Formulierungen bewirken oft das Gegenteil des Beabsichtigten: Versuchen Sie mal, nicht an einen blauen Elefanten zu denken. Was ist Ihnen gerade in den Sinn gekommen? Wenn Sie etwas negativ formulieren müssen, dann drücken Sie die Verneinungen mit Wörtern aus, die die Verneinung bereits beinhalten, also zum Beispiel »zweifeln« (nicht glauben), »sich weigern« (nicht tun), »selten« (nicht oft), »hindern« (nicht zulassen), »knapp« (nicht genug) oder »falsch« (nicht richtig).

Verzichten Sie auf komplizierte Ausdrücke. Kämpfen Sie gegen die Tendenz, Einfaches kompliziert auszudrücken. »Zu diesem Zeitpunkt« kann man durch »jetzt« ersetzen und »ein Ding der Unmöglichkeit« zu »unmöglich« verkürzen, und aus »strenges Stillschweigen bewahren« lässt sich einfach »schweigen« machen. »In vollem Umfang« ist nichts anderes als »ganz«, und »in Anbetracht« heißt »wegen«.

Wie schreibe ich einen Brief?

Auch wenn E-Mails einen immer größeren Anteil an der Korrespondenz haben, so konnten sie doch den klassischen Brief nicht komplett verdrängen. Im Gegenteil: (Individuelle) Briefe haben heute eine größere Bedeutung als früher, da die Empfänger in der Regel wissen, dass diese einen größeren Aufwand verursachen und somit eine höhere Wertschätzung für den Adressaten ausdrücken. Hier nun einige generelle Empfehlungen, die fast ausnahmslos für alle Brieftypen gelten:

Fassen Sie sich kurz. Das Wort Brief stammt vom lateinischen *breve/brevis*, und das bedeutet »kurz«. Bedenken Sie, dass geschäftliche Korrespondenz immer präzise und sachlich informieren sollte – verzichten Sie also auf weitschweifige Ausführungen, und kommen Sie direkt zur Sache. Formulieren Sie aber auch nicht zu knapp, denn sonst klingt Ihr Brief zu sehr nach einem Telegramm, oder es könnten eventuell wesentliche Inhalte verloren gehen oder falsch verstanden werden. Orientieren Sie sich an der »goldenen Briefregel«: Ein Brief sollte nicht länger als eine Seite sein. Wenn Sie doch einmal mehr Inhalte unterzubringen haben, dann lagern

Sie diese am besten in Anlagen aus. Mehr als drei Anlagen sollten Sie Ihrem Schreiben jedoch nicht beifügen.

Seien Sie persönlich. Auch wenn Sie in der Schule etwas anderes gelernt haben oder es sich für viele Menschen ungewohnt liest: Haben Sie Mut zum »Ich« – dieses kleine Wort ist eines der stärksten Kommunikationsmittel überhaupt. Versuchen Sie also – wo es geht –, in der Ich-Form zu schreiben und auf das Passiv oder das pauschale »Wir« zu verzichten. Dieses birgt nämlich die Gefahr, dass sich die Leser vereinnahmt fühlen. Zudem ist ein »Wir« oft mehrdeutig – es ist nicht klar, wer konkret gemeint ist. Es verschleiert dadurch die Zuständigkeiten. Auch neutrale Formulierungen (»man«) lassen die Verantwortlichen im Dunklen.

Natürlich gilt nicht pauschal, dass Sie die erste Person Einzahl benutzen sollten: Sachorientierte Themen sollten die Sache zum Thema machen, schließlich würde es lächerlich klingen, wenn Sie zum Beispiel vom Kundenbetreuer eines Mobilfunkanbieters einen Brief bekommen würden, in dem steht: »Ich freue mich sehr, dass Sie sich für den Tarif XYZ entschieden haben.«

Stellen Sie den Leser in den Mittelpunkt. Noch besser, als in der Ich-Form zu schreiben, ist es in der Regel, den Leser unmittelbar anzusprechen. Statt »Ich bedauere Ihnen mitzuteilen, dass sich die Auslieferung Ihrer Bestellung verzögert« sollte es also heißen: »Sicherlich werden Sie enttäuscht sein zu erfahren, dass Ihre Lieferung erst in einer Woche unser Haus verlässt.« Versuchen Sie, sich in die Situation Ihres Lesers zu versetzen. Das gelingt Ihnen am leichtesten, wenn Sie sich vorstellen, Sie würden mit Ihrem Leser sprechen. Führen Sie ein imaginäres Gespräch: Was würde der Leser fragen, was würde er wissen wollen? Was würden Sie ihm antworten?

Berücksichtigen Sie das Unternehmensleitbild. Das klingt vielleicht kompliziert: Sie sollen einerseits den Leser in den Fokus rücken und andererseits möglichst die Ich-Form verwenden. Wenn ich Ihnen nun sage, dass Sie auch noch das Unternehmensleitbild beachten sollen, dann wird es womöglich etwas zu verwirrend. Aber genauso ist es (leider) im Alltag, Sie müssen gleichzeitig durch mehrere Brillen schauen: durch die Ihrer Empfänger, die Ihres Arbeitgebers und durch Ihre eigene.

Was ist nun genau mit Unternehmensleitbild gemeint? Das bedeutet nichts anderes als das Image beziehungsweise die Wahrnehmung bei den Kunden. Wenn ein Unternehmen beispielsweise für sich als »moderner Dienstleister« wirbt, gleichzeitig aber konservativ und verdreht schreibt, dann passt das nicht zusammen. Denn der Ton, in dem eine Firma ihre Korrespondenz führt, transportiert Informationen über ihre Kundennähe und Professionalität.

Nun kommt noch eine Schwierigkeit hinzu: Die Leser (Kunden) messen Ihren Brief an den Briefen, die sie zuvor von anderen Verfassern Ihrer Firma und von anderen Unternehmen aus Ihrer Branche erhalten haben – das Unternehmen muss sich selbst treu bleiben. Es kann deshalb nicht schaden, wenn Sie sich einmal Briefe durchlesen, die in der Vergangenheit von Ihren Kollegen geschrieben wurden, und wenn Sie sich Briefe von Konkurrenzunternehmen besorgen.

Achten Sie auf die äußere Form. Die DIN-Norm 5008 legt Schreib- und Gestaltungsregeln für die Textverarbeitung fest und wurde zuletzt im Jahr 2005 aktualisiert; zum Zeitpunkt der Drucklegung war die Neubearbeitung noch nicht abgeschlossen. Diese Vorschrift gehört zu den grundlegenden Normen für Arbeiten im Büro- und Verwaltungsbereich und soll die Lesbarkeit von Schriftstücken verbessern. Die Empfehlungen der DIN 5008 sind zwar nicht verpflichtend, doch wer sich daran hält, der zeigt, dass er »auf der Höhe der Zeit« ist. Hier die wichtigsten Punkte:

- Im Anschriftenfeld gibt es keine Leerzeilen mehr.

- Im Anschriftenfeld gibt es keine Länderkennzeichen mehr vor der Postleitzahl. Das Land wird in einer eigenen Zeile ausgeschrieben.
- Berufs- und Amtsbezeichnungen werden im Anschriftenfeld rechts neben »Frau« und »Herrn« geschrieben, akademische Grade dagegen direkt vor den Namen, der eine Zeile tiefer steht. »Prof.« steht immer unmittelbar vor dem Namen – also auch für den Fall der Amtsbezeichnung.
- Die E-Mail-Adressierung, die Bankverbindung(en) mit Bankleitzahl und IBAN sowie weitere wichtige Geschäftsangaben – wie zum Beispiel Handelsregistereintrag und Umsatzsteuer-Identifikationsnummer – werden normalerweise in den Fußzeilen des Schreibens angegeben.
- Telefonnummern werden nicht mehr in Blöcken zu je zwei Ziffern notiert, auch Klammern und Schrägstriche zur Abtrennung der Telefonvorwahl sind nicht mehr vorgesehen. Stattdessen werden Telefonnummern funktionsbezogen durch Leerzeichen gegliedert. Bei Anlagenanschlüssen wird die Durchwahl durch einen Bindestrich (ohne umgebende Leerzeichen) abgesetzt, die internationale Telefonvorwahl beginnt stets mit einem Pluszeichen – also so: +49 6020 9733-0.

▶ Lernen Sie von anderen Briefschreibern

Sammeln Sie Beispiele guter Briefe – Kopieren ist nicht verboten. Halten Sie Formulierungen, die Ihnen gefallen, fest; am besten sammeln Sie sie in einer Musterdatei auf Ihrem Computer. ◀

Sie wissen nun, was generell beim Briefeschreiben zu beachten ist. Jetzt wird es konkreter. Die folgende Schritt-für-Schritt-Anleitung hilft Ihnen dabei, überzeugende Briefe zu formulieren.

In zehn Schritten einen Brief schreiben

Schritt 1: Klären Sie, um welchen Brieftyp es sich handelt und welches Ziel Sie erreichen wollen

Zunächst sehen Sie hier die verschiedenen Brieftypen in der Übersicht, anschließend folgen Regeln und Tipps, die Sie bei dem jeweiligen Brieftyp beachten sollten.

Brieftypen

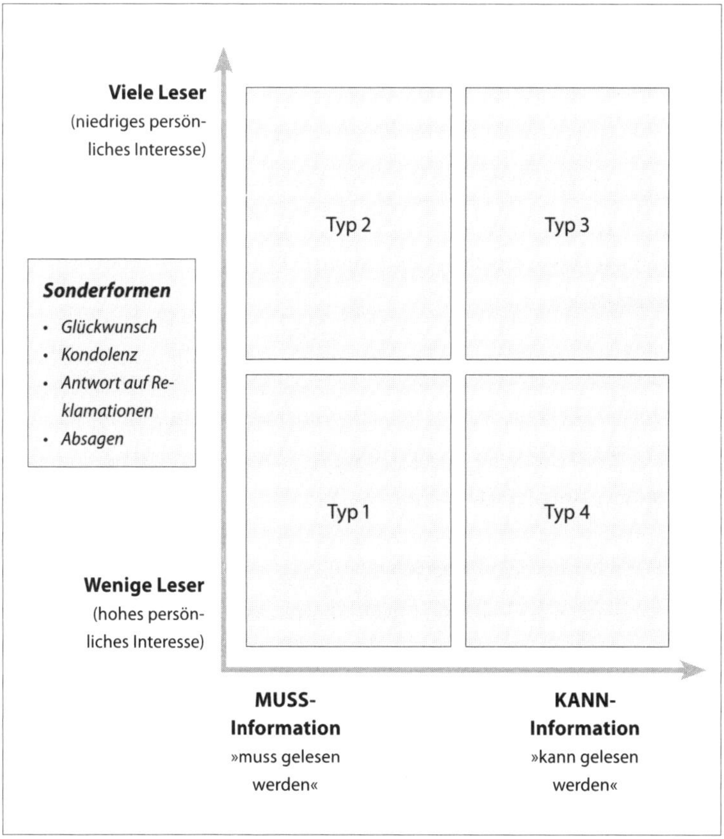

Typ 1-Briefe:

- Das Ziel ist es in der Regel, die Kommunikation abzuschließen. Das heißt, die Empfänger sollten so präzise informiert werden, dass keine Nachfragen erforderlich sind.
- Die goldene Briefregel, wonach ein Brief nie länger als eine Seite sein sollte, muss nicht unbedingt eingehalten werden.
- Wann immer möglich, sollten Sie die Ich-Form verwenden.

Typ 2-Briefe:

- Das Ziel ist es normalerweise, umfassend zu informieren und keine Fragen offen zu lassen.
- E-Mails kommen als Alternative nur selten infrage.

Typ 3-Briefe:

- Meistens handelt es sich bei solchen Briefen um Werbebotschaften.
- Das Ziel ist es in der Regel, weitere Kommunikation zu ermöglichen beziehungsweise eine bestimmte Aktion zu veranlassen.
- Oft können Briefe dieses Typs durch eine E-Mail ersetzt oder ergänzt werden.

Typ 4-Briefe:

- Solche Briefe beinhalten oft zielgruppenspezifische Angebote.
- Das Ziel ist es in der Regel, in Kontakt zu bleiben – eine bestimmte Aktion wird oft nicht gefordert.

Glückwunsch- oder Kondolenzschreiben:

- Verwenden Sie – wenn möglich – Karten statt normales Briefpapier.
- Schreiben Sie – eine gute, lesbare Handschrift vorausgesetzt – mit der Hand.
- Je individueller Sie formulieren, desto mehr fühlt sich der Empfänger geschätzt.

- Seien Sie bei der Formulierung von Verdiensten oder Leistungen aufrichtig, und übertreiben Sie nicht mit eventuellem Lob.
- Vermeiden Sie Formulierungen wie »Sie sind ein zuverlässiger Mitarbeiter.« Das kann anmaßend klingen oder auch schlichtweg falsch sein. Besser ist es, aus der Ich-Perspektive zu schreiben: »Ich habe Sie in den letzten Jahren als zuverlässigen Mitarbeiter erlebt.« Eine solche Aussage ist persönlich und nicht angreifbar.

Reklamationsschreiben:

- Gehen Sie nicht davon aus, dass der Reklamierende Sie betrügen will. Nehmen Sie jede Beschwerde ernst.
- Reagieren Sie schnell, und nutzen Sie die Chance zur Kundenbindung. Denn in der Regel sind Kunden, deren Reklamation rasch und kompetent bearbeitet wurde, später die treuesten Kunden.
- Formulieren Sie nicht zu »devot«, sondern sachlich.
- Je ausführlicher Sie auf eine Reklamation eingehen, desto besser ist es.
- Lassen Sie den Entwurf Ihrer Antwort auf eine Reklamation – sofern es dem Sachverhalt angemessen ist – juristisch prüfen.
- Informieren Sie gegebenenfalls die zuständige Abteilung oder den verantwortlichen Kundenbetreuer über Ihr Schreiben.

Absagebriefe:

- Schreiben Sie nicht aus einer »Verteidigungsstellung« heraus. Sie müssen sich nicht für eine Absage entschuldigen.
- Bei Absagen auf Bewerbungen: Verzichten Sie auf nicht ernst gemeinte Perspektiven, wie etwa: »Wir bitten Sie um eine erneute Bewerbung in Zukunft.«
- Berücksichtigen Sie die Vorgaben des Allgemeinen Gleichbehandlungsgesetzes (AGG). Dieses Gesetz soll die ungerechtfertigte Benachteiligung aus Gründen der ethnischen Herkunft, des Geschlechts, der Religion, des Alters, der Weltanschauung, einer

Behinderung oder der sexuellen Identität verhindern. Konkret: Begründen Sie Ihre Absage also niemals mit einem der gerade genannten Argumente.

Schritt 2: Beantworten Sie die Grundsatzfragen

Bevor es dann losgeht, beantworten Sie im nächsten Schritt folgende Grundsatzfragen:

- Ist ein Brief das am besten geeignete Format? Wäre ein Anruf oder ein persönliches Gespräch vielleicht angebrachter?
- Wie kann ich meinem Leser einen Nutzen verschaffen?
- Was wollen die Leser wissen? Was interessiert sie?
- Wer ist / sind der / die Empfänger? Informieren Sie sich über den typischen, durchschnittlichen Leser. Lesen Sie alte Korrespondenz oder Aktennotizen zum gleichen oder zu einem ähnlichen Thema. Wenn Sie Briefe des Typs 3 oder 4 schreiben müssen, können Sie auch mit potenziellen Lesern sprechen und sie fragen, was sie bei dem Thema besonders interessiert. Legen Sie sich für wiederkehrende Anlässe Checklisten beziehungsweise Mustervorlagen an. Eventuell können Sie auch mehrere Versionen eines Briefs schreiben, die jeweils an die größten Zielgruppen innerhalb Ihrer Leserschaft angepasst sind.
- Wer sollte den Brief unterschreiben?

Schritt 3: Schreiben Sie das Anschriftenfeld

Gestalten Sie das Anschriftenfeld möglichst gemäß den Vorgaben der DIN 5008:2005.

Das EDV-gerechte Anschriftenfeld ist neunzeilig aufgebaut: Drei Zeilen sind für die Zusatz- und Vermerkzone (ZVZ) vorgesehen und sechs Zeilen für die Anschriftzone (AZ). Der ganze Block beginnt 3,39 Zentimeter unterhalb des oberen Blattrandes. Die Empfängeradresse beginnt immer in der vierten Zeile des Anschriftenblocks. Bei Auslandsanschriften werden Bestimmungsort und Land in GROSSBUCHSTABEN geschrieben. Leerzeilen sind im Anschriftenfeld nicht (mehr) üblich.

3. ZVZ	zum Beispiel elektronische Freimachungsvermerke
2. ZVZ	zum Beispiel Vorausverfügung (»Nicht nachsenden«)
1. ZVZ	zum Beispiel »Einschreiben«
1. AZ	Firma
2. AZ	Anrede, Berufs- oder Amtsbezeichnungen
3. AZ	akademische Grade, Vorname, Nachname
4. AZ	Straße/Hausnummer, Postfach
5. AZ	Postleitzahl und Ort (BESTIMMUNGSORT)
6. AZ	(LAND)

Darüber hinaus sollten Sie noch ein paar generelle Dinge berücksichtigen.

- Lassen Sie »Herrn« oder »Frau« nie weg (und vergessen Sie das »n« hinter »Herr« nicht).
- Das Wörtchen »An« in der ersten Zeile entfällt.
- Schreiben Sie den Vornamen des Empfängers stets aus.
- Die Abkürzungen »c/o«, »i. H.« und »z. Hd.« sind nicht mehr üblich.
- Wenn Sie möchten, dass nur der Adressat und kein anderer Ihr Schreiben öffnet, dann nennen Sie zuerst den Namen des Empfängers und in der Zeile darunter den Namen des Unternehmens. Außerdem können Sie in der Vermerkzone noch »Persönlich / Vertraulich« hinzusetzen. Das Datum schreiben Sie entweder numerisch (»2011-08-28«) oder alphanumerisch (»28. August 2011«).
- Die Angabe des Ortes ist nicht mehr zeitgemäß.

Schritt 4: Formulieren Sie eine prägnante Betreffzeile

Verschiedene Studien haben ergeben, dass die Leser eines (Werbe-)Briefs nur circa zwei Sekunden für einen ersten Relevanz-Check aufwenden. Da-

bei beschreibt die Blickrichtung die Form eines »Z«: Die Betreffzeile wird gelesen, danach gleitet der Blick von rechts nach links über den Fließtext. Zum Schluss wird die PS-Zeile betrachtet. Da die Leser also zuerst die Betreffzeile lesen, kommt dieser eine hohe Aufmerksamkeit zu. Die Betreffzeile (»Headline«) erfüllt unterschiedliche Funktionen. Bei Typ 1- und Typ 2-Briefen sollte das Thema oder der Bezug genannt werden; bei Typ 3- und Typ 4-Briefen sollte die Betreffzeile den Leser neugierig machen.
Hier einige Tipps für moderne Betreffzeilen:

- Formulieren Sie aktivisch (mit Verb).
- Bei Typ 3- und Typ 4-Briefen können Sie Fragen verwenden.
- Ihre Betreffzeile sollte nicht länger als eine Zeile sein.
- Verwenden Sie kurze Wörter.
- »Betreff« als Leitwort ist nicht mehr üblich.
- Eine Betreffzeile hat keinen Schlusspunkt und sollte auch nicht unterstrichen werden.

Schritt 5: Formulieren Sie eine passende Anrede

Die Anrede (und der Gruß) gestalten die Beziehung zum Briefpartner. Wenn Sie unsicher sind, wählen Sie lieber konservative Varianten.

- Nach der Anrede folgt ein Komma, danach wird klein weitergeschrieben
- Verwenden Sie bei Titeln keine Abkürzungen, sondern die Langform (also: »Professor« oder »Direktor«, Ausnahme: »Dr.«); »Herr / Frau« kann entfallen, und auch der Name kann weggelassen werden, wobei ich dies nicht empfehle.
- Bei mehreren akademischen Graden wird nur der höchste genannt.
- Wird eine Amts- oder Berufsbezeichnung gebraucht, so wird der Name weggelassen (also: »Sehr geehrter Herr Bürgermeister«).

- Wenn Sie an mehrere Empfänger schreiben, dann beachten Sie Folgendes: Die Hierarchie steht über dem Geschlecht – nennen Sie also zuerst den Vorgesetzten, dann die Mitarbeiterin.
- Die Verwendung des Begriffs »Eheleute« in der Anschrift und Anrede ist veraltet, ebenso wie »Jürgen Engelhardt und Frau«. Richtig ist: »Sehr geehrte Frau Engelhardt, sehr geehrter Herr Engelhardt ...«

Varianten der Anrede

Salopp / locker	**Modern / vertraulich**	**Konservativ**
• Hi • Grüß dich • Hallo • Liebe(r)	• Guten Tag, sehr geehrte(r) • Sehr geehrte(r), liebe(r)	• Sehr geehrte(r) • Werte(r)

Schritt 6: Formulieren Sie einen packenden Einstieg

Der Einstieg erfüllt – ähnlich wie die Betreffzeile – verschiedene Funktionen. Er soll einerseits beim Leser das Interesse wecken und andererseits das Thema nennen sowie die Tonart etablieren. Idealerweise sprechen Sie gleich mit dem ersten Satz den Leser an und beziehen ihn ein. Legen Sie also hohen Wert auf den ersten Satz, und schreiben Sie nicht aus der Ich- oder Wir-Perspektive, sondern wenden Sie sich direkt an den Leser.

Bedenken Sie den sogenannten »Primacy-Effekt«: Die zuerst erhaltene Information beeinflusst die Beurteilung des folgenden Inhalts unverhältnismäßig stark. Mit anderen Worten: Das, was in den ersten Sätzen steht, wird vom Leser als Thema aufgefasst. Hier ein paar Tipps für einen gelungenen Einstieg:

- Der erste Satz sollte immer kurz sein.
- Verwenden Sie kurze, bekannte Wörter.

- Nennen Sie zuerst das Bekannte, dann das Neue. Wer etwas Bekanntes mitteilt, macht es dem Leser einfacher, die nachfolgenden Aussagen zu verstehen; das Allgemeine und Bekannte liefert den Rahmen, in den das Besondere und Neue eingeordnet werden kann.
- Nennen Sie zuerst das Einfache, dann das Schwere oder Komplizierte; zuerst das Konkrete, dann das Abstrakte.
- Erläutern Sie zuerst das Problem, dann die Lösung.

Schritt 7: Formulieren Sie einen überzeugenden Mittelteil

Im Mitteilteil nennen Sie Ihre Argumente. Achten Sie dabei auf einen »dramaturgischen Aufbau« – das heißt: Beginnen Sie mit dem schwächsten Argument und steigern sich dann. Führen Sie nie ein Argument an, ohne es anschließend zu beweisen und Beispiele dafür zu bringen. Dafür gibt es verschiedene Beweismöglichkeiten:

- Evidenzbeweise: Schildern Sie eigene Beobachtungen und Erfahrungen, die nachvollziehbar und aus sich heraus einleuchtend (evident) sind (»Ich erlebe es täglich selbst in unseren Filialen: Die Kunden wollen …«).
- Praxisbeweise: Nennen Sie überprüfbare Beobachtungen oder Tatsachen (»In einer Umfrage von Infratest haben 78 Prozent der Befragten gesagt, dass Sie keine Änderung wollen«).
- Analogiebeweise: Ziehen Sie aus leicht verständlichen Tatsachen oder Ereignissen Rückschlüsse, und leiten Sie Übertragungen ab (»Wenn Sie Coca-Cola kaufen, wollen Sie doch nicht Pepsi in der Flasche haben, oder?«).
- Normative Beweise: Berufen Sie sich auf allgemein anerkannte Werte und Normen und auf geltendes Recht (»Schon seit weit über 100 Jahren ist im Bürgerlichen Gesetzbuch festgelegt …«).
- Autoritätsbeweise: Führen Sie Aussagen von Fachleuten, statistische

Erhebungen, Expertenurteile oder wissenschaftliche Untersuchungen an (»Professor Schmidt vom Lehrstuhl für Bankbetriebslehre an der Uni Mannheim hat dazu gesagt ...«).

Schritt 8: Formulieren Sie einen zielorientierten Schluss

Auch der Schlusssatz wird besonders aufmerksam gelesen. Bedenken Sie deshalb genau, was Sie hier schreiben. Verzichten Sie auf Floskeln (»Bei Rückfragen stehen wir Ihnen jederzeit telefonisch zur Verfügung«) und langatmige Abgesänge. Verwenden Sie stattdessen Fragen, die den Empfänger zu einer Handlung auffordern, zum Beispiel:

- »Konnten wir Ihnen mit diesen Angaben helfen?«
- »Sind Sie mit diesem Vorschlag einverstanden?«
- »Welche Fragen haben Sie jetzt noch?«
- »Wollen wir dazu nächste Woche telefonieren?«
- »Wann wollen Sie loslegen?«
- »Haben wir Ihre Vorstellungen / Erwartungen damit getroffen?«
- »Was kann ich noch für Sie tun?«
- »Sind Sie mit diesem Vorschlag zufrieden?«

Schritt 9: Formulieren Sie eine adäquate Grußformel und eine treffende PS-Zeile

Der Gruß gestaltet ebenso wie die Anrede die Beziehung zum Briefpartner. Wenn Sie unsicher sind, wählen Sie auch hier lieber die konservative Variante. Die DIN 5008 empfiehlt übrigens »Freundliche Grüße«. »Mit freundlichen Grüßen« gilt als leicht veraltet. Außerdem gibt es noch einige Formalien, die Sie bei der Grußformel beachten sollten. Nach der Grußformel steht weder Komma oder Punkt noch Ausrufezeichen. Falls mehrere Personen unterzeichnen, so setzt der Ranghöhere seine Unterschrift links. Und eventuelle Anlagen- oder Verteilervermerke sollten Sie, durch eine Leerzeile abgetrennt, unter den Unterzeichnernamen oder rechts neben den Grußteil schreiben. Die Anlagen sollten bereits im Brieftext erwähnt werden und können (nochmals) genau aufgezählt werden.

Wie bereits im Zusammenhang mit der Betreffzeile gesagt, wird die PS-Zeile besonders aufmerksam gelesen. Trotzdem nutzen viele Briefschreiber die PS-Zeile nicht. Machen Sie es besser:

- Verwenden Sie die PS-Zeile für wichtige zusätzliche Informationen.
- Schreiben Sie nicht mehr als zwei Zeilen.
- »PS« als Vorsatz ist veraltet. Besser und moderner sind Formulierungen wie »Übrigens: …«, »Noch etwas: …«, »Bitte beachten Sie: …«, »Zu guter Letzt: …« oder »Denken Sie daran: …«.

Schritt 10: Korrigieren Sie den Brief

Lesen Sie im letzten Schritt Ihren fertigen Brief noch einmal sorgfältig durch – nicht nur am PC-Bildschirm, sondern auch ausgedruckt. Auf diese Weise entdecken Sie wahrscheinlich Fehler, die Ihnen sonst entgangen wären. Am besten lesen Sie sich den Brief auch (halb-)laut vor. Lassen Sie (wichtige) Briefe mindestens einen Tag liegen, um Abstand zu bekommen, und lassen Sie sie gegebenenfalls von unbeteiligten Dritten lesen. Folgende Checkliste hilft Ihnen dabei, Fehler auszumerzen. ◀

Checkliste für Ihre Briefe

- Stimmt die Anschrift?
- Stimmen die Anschrift und der Name in der Anrede überein?
- Ist der Text inhaltlich korrekt?
- Ist der Text formal korrekt?
- Ist der Text orthografisch korrekt?
- Haben die Vorgesetzten den Text freigegeben?
- Sind betroffene Mitarbeiter im Haus informiert?
- Sind alle Anlagen beigefügt?

▸ Beziehungen pflegen mit Weihnachts- und Geburtstagskarten

Es gibt kaum ein besseres Instrument zur Beziehungspflege und zum Netzwerkmanagement als die Versendung handgeschriebener Karten – die klassischen Anlässe dafür sind Geburtstage und Weihnachten. Bedenken Sie dabei, dass Grüße Botschaften sind, die sehr viel über Ihr Wesen aussagen. Lieblose, austauschbare Grußbotschaften können eben nicht von einem empathischen Menschen stammen. Hingegen lassen individuelle Karten auf einen einfühlsamen, interessierten Charakter schließen, der seinen Mitmenschen Wertschätzung entgegenbringt. Beherzigen Sie daher folgende Tipps:

- Lassen Sie sich eigene Karten drucken (diese müssen nicht zwangsläufig das Firmenlogo tragen).
- Schreiben Sie Ihre Karten grundsätzlich mit einem Füller oder Tintenschreiber; Kugelschreiber wirken hingegen oft billig.
- Es gilt der Grundsatz: Je persönlicher, desto besser. Wenn Sie also nur »Alles Gute« oder »Frohe Weihnachten« zu Papier bringen, dann können Sie gleich eine Standardkarte verwenden. Überlegen Sie vielmehr, warum Sie den Empfänger schätzen oder ob es in der Vergangenheit ein besonderes Erlebnis gab, das Sie mit dem Empfänger verbindet.
- Führen Sie eine Liste, in der Sie festhalten, wem Sie zu Weihnachten geschrieben haben. Diese Liste können Sie dann in den Folgejahren zur Hand nehmen und überprüfen, ob Sie auch niemanden vergessen haben. Aktualisieren Sie Ihre Liste permanent.
- Halten Sie in Ihren Kontakten fest, wem Sie zum Geburtstag gratuliert haben.
- Wie bereits im Zusammenhang mit »normaler« Korrespondenz gesagt: Kopieren ist durchaus erlaubt. Wenn Sie also selbst einen Glückwunsch mit einem netten Sinnspruch erhalten haben oder an anderer Stelle eine schöne, passende Passage gelesen haben, so notieren Sie diese, um sie gegebenenfalls später einmal selbst zu verwenden – natürlich nur, wenn sie auch zum Empfänger passt. ◂

Wie schreibe ich E-Mails?

Fluch oder Segen? Viele Büroarbeiter schätzen die Vorteile elektronischer Briefe: Schnell sind beliebig viele Personen informiert. Textdateien, Bilder und Videos können problemlos und in Sekundenschnelle versendet werden. Eine systematische Ablage vorausgesetzt, lassen sich E-Mails komfortabel archivieren und im Bedarfsfall wieder hervorholen.

So vielfältig und einleuchtend die Vorteile sind, so schwer wiegen die Nachteile: Der elektronische Briefkasten ist bei zahlreichen Fach- und Führungskräften chronisch überfüllt, die Anzeige »E-Mail-Eingang« lenkt zigfach am Tag von der eigentlichen Arbeit ab, und zudem erhält man Nachrichten, die einen weder interessieren noch einen Informationszugewinn verschaffen.

Wie es Ihnen gelingt, dass die Empfänger Ihrer E-Mails nicht stöhnen, wenn sie E-Post von Ihnen erhalten, wie Sie also präzise, empfängerorientierte Mails schreiben, das erfahren Sie in diesem Kapitel.

▶ In sieben Schritten eine E-Mail schreiben

Schritt 1: Machen Sie den Gütetest

Fragen Sie sich, ob der Empfänger Ihre E-Mail wirklich benötigt. Ob es tatsächlich erforderlich ist, eine E-Mail zu versenden oder nicht, kann man ganz einfach mit der sogenannten »Stockwerksfrage« klären: Würden Sie diese E-Mail auch dann noch abschicken, wenn Sie sie ausdrucken, zu Fuß drei Stockwerke höher tragen und auf den Tisch des Empfängers legen müssten? Falls Sie diese Frage nicht aus vollem Herzen bejahen können, spricht viel dafür, dass die E-Mail eigentlich unnötig ist. Dann sollten Sie es lassen.

Überlegen Sie zudem, ob eine E-Mail überhaupt das richtige Medium für Ihre Nachricht ist oder ob nicht andere Formate (Brief, Anruf, Fax) eher für Ihr Anliegen geeignet wären.

Bevor Sie eine E-Mail verfassen, sollten Sie eine weitere Prüfung vornehmen: Handelt es sich um vertrauliche oder persönliche Informationen? Wenn ja: Sehen Sie davon ab, diese per einfacher E-Mail zu versenden. Sie wissen nie, welchen Weg eine E-Mail nimmt. Mit wenigen Mausklicks ist diese weitergeleitet und landet eventuell bei Empfängern, für die der Inhalt nicht bestimmt ist. Als Alternative kommt der passwortgeschützte Versand infrage: Sie können Ihr Dokument mit einem Passwort versehen und dieses dem Empfänger telefonisch oder persönlich mitteilen – aber auch hier sollten Sie genau bedenken, ob dies eine sichere Variante ist.

Schritt 2: Formulieren Sie eine eindeutige und aussagekräftige Betreffzeile

Dies ist die wichtigste und für manchen auch schwierigste Aufgabe beim Schreiben von E-Mails: Mit wenigen Worten auszudrücken, worum es geht. Das Erste, was der Empfänger liest, ist die Betreffzeile. Diese und der Name des Absenders sind die beiden bedeutendsten Kriterien für den Empfänger, um die Wichtigkeit einer Mail zu beurteilen. Weitere Gründe sprechen dafür, sich mit der Formulierung der Betreffzeile Mühe zu geben: Je aussagekräftiger die Betreffzeile ist, desto einfacher hat es der Empfänger, die Kerninhalte der Nachricht auf einen Blick zu erfassen; und desto leichter fällt es, die Mail zu archivieren beziehungsweise im Bedarfsfall in einem Verzeichnis wiederzufinden.

Was heißt das alles nun konkret für Sie?

Zunächst einmal: Schreiben Sie immer einen Betreff. Die Betreffzeile leer zu lassen ist ein Zeichen von Unprofessionalität und Missachtung des Empfängers.

Viele Schreibprofis empfehlen, die Betreffzeile so kurz wie möglich zu halten. Ich bin gegenteiliger Ansicht: Je länger der Betreff ist, desto präziser können Sie den Empfänger informieren. Dennoch müssen Sie sich in Kürze üben, denn manche E-Mail-Programme schneiden den Betreff nach einer definierten Zeichenzahl (zum Beispiel 20 Zeichen) ab. Ideal ist es daher, wenn es Ihnen gelingt, Ihr Anliegen mit wenigen konkreten Begriffen auszudrücken.

Verwenden Sie inhaltsreiche Begriffe. Wer im Betreff nur »Frage«, »Bestellung« oder »Brief« schreibt, braucht sich nicht zu wundern, wenn er keine Antwort erhält. Seien Sie genau, und schreiben Sie beispielsweise »Frage zur Lieferung Nr. 43883« oder »Offene Punkte zur Bestellung vom 26. Oktober 2011«.

Verwenden Sie, wenn möglich, Verben – so wird deutlicher, worum es geht. Also statt »Versandbestätigung« schreiben Sie »Ihre Bestellung vom 11. Dezember 2011 wurde versandt«.

Erwähnen Sie in der Betreffzeile – wenn es sinnvoll ist –, was der Empfänger zu tun hat (»Zur Info«, »Mit der Bitte um Erledigung«) und welche Dringlichkeit Ihre E-Mail besitzt.

Wenn Sie eine Antwort bis zu einem bestimmten Termin benötigen, dann sollten Sie dies ebenfalls erwähnen (»Flyer für Messe Frankfurt – Bitte um Freigabe bis 30.11., 17.00«).

Versuchen Sie, Ihre Betreffzeilen wie Datei- oder Verzeichnisnamen aufzubauen. Gliedern Sie dabei in deduktiver Form, das heißt: Nennen Sie zunächst das Allgemeine und dann das Besondere. Benutzen Sie zur Abtrennung den Schrägstrich »/« oder die Pfeiltaste »>«. Das könnte dann zum Beispiel so aussehen: »Weiterbildung Azubis > Seminar ›Karriereführerschein‹ > Bitte um Terminvorschläge«.

Viele Firmen haben Spamfilter eingerichtet, um ihre Belegschaft vor Werbemails zu schützen. Leider überwindet gelegentlich auch eine seriöse Mail diese Torwächter nicht.

Um das zu verhindern, sollten Sie bei der Formulierung der Betreffzeile folgende Tipps beherzigen:

- Schreiben Sie nicht in Großbuchstaben.
- Verwenden Sie keine Ausrufezeichen oder Sonderzeichen wie »&«, »[«, »*« oder »#«.
- Verzichten Sie auf sehr werbliche Begriffe wie etwa »einmalig«, »großartig«, »ultra« und so weiter.
- Vermeiden Sie zudem Wörter, auf die Spamfilter höchst sensibel reagieren, wie zum Beispiel »Kredit«, »Nachlass«, »frei«, »umsonst«, »100 Prozent« oder »Bargeld«.

Schritt 3: Formulieren Sie die Anrede und den Hauptteil

Die Grundregel, an die Sie sich halten sollten, lautet: Eine E-Mail muss genauso korrekt formuliert werden wie ein (Papier-)Brief. Es gelten also sinngemäß die Ausführungen des Kapitels *Wie schreibe ich einen Brief?* weiter oben. Dennoch gibt es natürlich einige Besonderheiten, die Sie beachten sollten.

Verwenden Sie (auch bei internen E-Mails) freundliche Anreden. Die – aus den USA übernommene – Unsitte, bei hausinternen Mails lediglich den Vornamen als Anrede zu verwenden, empfinde ich als sehr unhöflich und rate dazu, diese Mode nicht mitzumachen.

Der Hauptunterschied zwischen Brief und E-Mail ist – neben der Zustellgeschwindigkeit – die Länge. Mails sind in der Regel kürzer als Briefe. Fassen Sie sich daher so kurz wie möglich. Allerdings darf dabei weder Sinn noch Höflichkeit verloren gehen.

Verzichten Sie auf Abkürzungen (wie »SgDH« und »MfG«), auch wenn diese geschäftsüblich sein sollten. Das Gleiche gilt für kryptische, oft englische Abkürzungen (wie »fyi« oder »eom«) oder SMS-Akronyme (wie »LG« oder »10 Q«). Eine Ausnahme gibt es allerdings: Wenn Sie an mehrere Empfänger schreiben und sich eine Textpassage insbesondere an eine Person richtet, so können Sie das @-Zeichen davor setzen, also beispielsweise so: »@ Herr Moser: Bitte nehmen Sie Kontakt zu … auf.«

Vermeiden Sie in geschäftlicher Korrespondenz Smileys oder andere Icons. Ein »;-)« darf durchaus unter vertrauten Kollegen benutzt werden, nicht jedoch bei fremden Empfängern.

Machen Sie Absätze, um Ihre Mail zu gliedern.

Strukturieren Sie Ihren Text – verwenden Sie Aufzählungspunkte oder Nummerierungen. Der Empfänger hat es dann leichter, Ihnen zu antworten, da er sich auf Nummern beziehen kann (»Zu Punkt 3 teile ich Ihre Auffassung, dass …«).

Bei Antwort-E-Mails kennzeichnen die meisten Programme die Betreffzeile mit einem Kürzel (»AW« oder »RE«) und den Ursprungstext mit einem zusätzlichen Zeichen (»>>«), um so dem Empfänger die Unterscheidung zwischen eigenem Text und Antworttext zu erleichtern.

Wenn Sie Bezug auf eine E-Mail nehmen, so schreiben Sie Ihren Antworttext an den Anfang der E-Mail und nicht an das Ende. Denn der Absender kennt ja seinen Text und spart sich zudem Zeit, da er nicht nach unten scrollen muss, um Ihre Antwort zu finden. Bei längeren Textpassagen können Sie auch den Text des Absenders löschen beziehungsweise nur die Teile stehen lassen, auf die Sie Bezug nehmen – auch dies spart Zeit.

Überprüfen Sie, bevor Sie die Antwort abschicken, ob Sie auf alle Punkte des Absenders eingegangen sind.

Schritt 4: Formulieren Sie den Schluss

Auch hier gilt Ähnliches wie bei Briefen: Am Ende Ihrer E-Mail sollte der Empfänger genau wissen, was er nun zu tun hat (oder eben auch nicht).

Beenden Sie Ihre E-Mail grundsätzlich mit einer Grußformel. Gönnen Sie Ihrem Empfänger mehr als ein schlichtes »Gruß, Daniel Mayer«, und setzen Sie noch ein verbindliches Wort davor, also etwa »Viele Grüße«, »Schöne Grüße« oder »Freundliche Grüße«.

Schritt 5: Fügen Sie eine Signatur und einen Disclaimer an

Die Signatur enthält Ihre wichtigsten Kontaktdaten, nämlich Titel, vollständigen Namen, Adresse, Telefon, Telefax, E-Mail- und Internetadresse. Legen Sie Ihre Signatur so an, dass sie maximal 40 Zeichen breit ist. Wenn Sie Ihre E-Mail-Adresse mit dem Vorsatz »mailto:« (also etwa »mailto:fahrlerer@dafler.de«) versehen, dann ist Ihre Adresse verlinkt und der Empfänger kann durch einen Klick sofort eine leere E-Mail an Sie öffnen. Ihre Internetadresse sollten Sie ebenfalls komplett ausschreiben.

In vielen Firmen ist es üblich, E-Mails einen Passus mit einem Haftungsausschluss (»Disclaimer«) anzuhängen. Oft übernimmt dies der Firmenserver automatisch, ohne dass der Absender einen Einfluss darauf hat. Nach überwiegender Ansicht unter Juristen sind Disclaimer zwar unwirksam, aber wer dennoch auf Nummer sicher gehen möchte, kann sich an folgender Formulierung orientieren: »Dies ist eine vertrauliche Nachricht und nur für den Adressaten bestimmt. Es ist nicht erlaubt, diese Nachricht zu kopieren oder Dritten zugänglich zu machen. Sollten Sie diese Nachricht irrtümlich erhalten haben, bitte ich um Ihre Mitteilung per E-Mail oder unter der Telefonnummer XXX.«

Schritt 6: Prüfen und korrigieren Sie Ihren Text

Viele E-Mail-Schreiber sind der Ansicht, elektronische Post bedürfe keiner Korrektur. Weit gefehlt! Wie bereits gesagt, sollten E-Mails formal und inhaltlich mit derselben Sorgfalt wie Briefe behandelt werden. Dazu zählt auch eine gewissenhafte Korrektur, und zwar im Hinblick auf Inhalt, Rechtschreibung, Zeichensetzung, Stil, Verständlichkeit und Form.

Schreiben Sie E-Mails im reinen Textformat. In diesem Zusammenhang ein Wort zur Form beziehungsweise zum Layout: Wie bei allen anderen (konventionellen) Formen schriftlicher Kommunikation gilt auch bei E-Mails der Grundsatz: je einfacher, desto besser. Schreiben Sie also im reinen Textformat, und verzichten Sie auf die HTML- oder Rich-Text-Format-Darstellung. Was auf Ihrem PC gut aussieht, mag auf einem anderen Bildschirm verzerrt oder falsch dargestellt werden – dies kann nicht passieren, wenn Sie Ihre E-Mail »ungeschminkt« versenden.

Schritt 7: Tragen Sie die Empfänger ein und fügen Sie gegebenenfalls Anhänge bei

Erst zum Schluss sollten Sie den oder die Empfänger in das »An-Feld« eintragen. Warum? Zum einen schützen Sie sich so vor dem versehentlichen vorzeitigen Versand, falls Sie – bevor Sie mit dem Schreiben Ihrer E-Mail fertig sind – aus Unachtsamkeit auf »Senden« klicken. Zum anderen steht dieser Schritt bewusst am Ende, um so die hohe Bedeutung der Empfängerauswahl bewusst zu machen.

Da man bei E-Mails sehr leicht mehreren Empfängern dieselbe Nachricht schicken kann, nutzen auch viele Büroarbeiter diese Möglichkeit. Das Problem dabei: Man neigt dazu, seine E-Mails auch Personen zukommen zu lassen, die der Inhalt gar nicht oder nur am Rande interessiert. Insofern ist dieser siebte Schritt nochmals ein Filter. Bereits im ersten Schritt haben Sie ja überlegt, ob Ihre E-Mail wirklich nötig ist – prüfen Sie nun ein zweites Mal. Versenden Sie Ihre Nachrichten immer nur an die Empfänger, die diese unbedingt erhalten müssen. Denn mit jeder E-Mail, die Sie abschicken, steigt die Nachrichtenflut.

Gleiches gilt für Eintragung von Namen in der Kopie-Zeile (»Cc«) – seien Sie zurückhaltend, und setzen Sie nur dann Empfänger ein, wenn Sie davon überzeugt sind, dass der- oder diejenige wirklich über den Vorgang informiert werden muss. Die meisten E-Mail-Programme verfügen zudem über die Möglichkeit, Nachrichten als »blinde Kopie« (»Bcc«) an weitere Empfänger zu verschicken. In diesem Fall sehen die adressierten Empfänger nicht, wer diese Nachricht noch erhält. Das ist in der Regel grob unhöflich und sollte daher unterbleiben. Nur in einem Fall erscheint eine Ausnahme gerechtfertigt: Nämlich dann, wenn Sie aus Datenschutzgründen die E-Mail-Adressen Ihres Verteilers vor anderen schützen wollen (zum Beispiel beim Versand eines Newsletters).

Die Standardprogramme haben zudem die Funktion, Wichtigkeit und Vertraulichkeit mit unterschiedlichen Stufen zu belegen. Machen Sie davon keinen Gebrauch. Verwenden Sie die Kennzeichnung mit »hoher Priorität« (Ausrufezeichen) nur dann, wenn es wirklich angemessen ist. Wer seine Nachrichten häufig als dringlich kennzeichnet, macht sich lächerlich und wird bald nicht mehr ernst genommen.

Bevor Sie abschließend auf »Senden« klicken, fügen Sie gegebenenfalls Ihre Anhänge bei. Beachten Sie dabei Folgendes:

- Prüfen Sie, ob die Dateigröße der Anhänge für Ihren Empfänger nicht zu groß ist. Einige Unternehmen haben die maximale Datenmenge, die die Mitarbeiter empfangen können, begrenzt, zum Beispiel auf 5 MB. So kann es sein, dass Ihre E-Mail vom Firmenserver abgefangen und nicht zugestellt wird.

- Bei sehr großen Datenmengen empfiehlt es sich, eine CD/DVD zu brennen und diese auf dem Postweg zu versenden. Alternativ kann man auch die Dienste verschiedener Anbieter (wie yousendit.com) nutzen und seine Dateien im Internet hochladen und dem Empfänger nur einen Link (mit Passwort) schicken.
- Verwenden Sie virensichere und kompakte Dateiformate. Unkritisch und gern gesehen sind pdf-Anhänge. In manchen Betrieben werden xls- oder ppt-Dateien automatisch in Quarantäne gestellt und müssen vom Nutzer umständlich beim Administrator angefordert werden. Wenn Ihnen dies bekannt ist, dann ersparen Sie Ihrem Empfänger solche Mühen und schicken gleich ein pdf. Einen weiteren Nachteil haben viele gängige Dateiformate, so zum Beispiel aus den Office-Versionen: Andere können sehen, wann das Dokument das letzte Mal geändert wurde. Manchmal sind auch noch Korrekturoptionen eingestellt, und man kann die ganze Historie mit Kommentaren ersehen. Wer das vermeiden will, sollte das pdf-Format nutzen. ◂

▸ Nutzen Sie die Abwesenheitsnotiz

Wenn Sie längere Zeit nicht per E-Mail zu erreichen sind, dann sollten Sie in Ihrem E-Mail-Programm die Abwesenheitsnotiz-Funktion aktivieren. Bitte verzichten Sie darauf, spaßig gemeinte Formulierungen zu verwenden (»Ich werde mich in den nächsten vierzehn Tagen auf Mallorca erholen«) oder nur einen Textbrocken hinzuwerfen (»Ich bin dann mal fort«). Stattdessen sollten Sie ohne Begründung sagen, ab wann Sie wieder erreichbar sind und wer Sie in der Zwischenzeit vertritt; geben Sie Telefonnummer und E-Mail-Adresse Ihres Vertreters bekannt. Also zum Beispiel so: »Ich bin erst wieder ab dem 12.03. zu erreichen. Bis dahin vertritt mich Herr Lorenz Fiederling, der Ihre Fragen gern unter 06020 9733-112 oder per E-Mail (lf@xy-ag.de) beantwortet.« Beachten Sie bitte auch, ob es bestimmte Standardformulierungen Ihres Unternehmens gibt, an die Sie sich halten müssen. ◂

Wie verfasse ich ein Memo?

Mit dem Begriff »Memo« ist ein Schriftstück gemeint, dass der Information oder Entscheidungsfindung dient und in der Regel für Vorgesetzte und Kollegen verfasst wird. In manchen Unternehmen heißen solche Dokumente auch »Vorlage«, »Stellungnahme« oder »Notiz«. Üblicherweise sind Memos nicht länger als vier Seiten, wobei ich jedoch auch schon Vorlagen mit mehr als 30 Seiten gesehen habe.

Ihren Ursprung haben Memos im Rechtswesen – dort bezeichnet der Begriff »Memorandum« einen Text, der innerhalb von Kanzleien oder gegenüber Klienten eine rechtliche Frage beantwortet. Juristische Memos sind oft nach folgendem Schema aufgebaut:

- Ausgangslage (kurze Zusammenfassung des Sachverhalts),
- Fragestellung (genaue Formulierung der zu beantwortenden Fragen),
- Ergebnis (knappe Darlegung des Ergebnisses),
- Begründung (detaillierte Erläuterung, wie man zum Ergebnis gelangt ist).

An dieser Gliederung orientiert sich auch mein folgender Vorschlag zur Strukturierung von Memos. Zuvor jedoch noch einige grundsätzliche Bemerkungen.

Ziel eines guten Memos sollte es sein, möglichst präzise und objektiv das zugrunde liegende Problem beziehungsweise die Situation zu beschreiben. Konzentrieren Sie sich also auf das Wesentliche, denn das Thema Ihres Memos ist in aller Regel nur eines von vielen Problemen, die Ihren Vorgesetzten oder Ihre Kollegen beschäftigen. Hinzu kommt, dass der Empfänger Ihres Memos dem zugrunde liegenden Thema eventuell nicht die Wichtigkeit beimisst, wie Sie dies vermuten. Aus diesen Gründen, und weil das Zeit- und Aufmerksamkeitsbudget der Adressaten wahrscheinlich sehr beschränkt ist, sollten Sie jeglichen Ballast (Selbstverständliches, detaillierte Informationen, akademische Erörterungen) über Bord werfen. Aber: Sparen Sie nicht an den falschen Stellen, und lassen Sie keine Inhalte weg, die für das Gesamtverständnis erforderlich sind.

In zehn Schritten ein Memo schreiben

Schritt 1: Beantworten Sie die Grundsatzfragen

Bevor Sie anfangen zu schreiben, müssen Sie erst einige grundsätzliche Fragen klären:

- Wer sind die Empfänger? Wie viel Vorwissen besitzen sie? Wann ist es notwendig, Hintergründe oder Zusammenhänge zu erläutern, und wann nicht? Welchen Stellenwert besitzt das Thema beim Empfänger? (Ist es »geliebt« oder »verhasst«?)

- Wie möchte der Empfänger informiert werden? Ist der Empfänger Augen- oder Ohrenmensch, nimmt er Informationen lieber schriftlich oder mündlich auf? Oft ist es eine vergebliche Mühe, Ohrenmenschen ein langatmiges Memo zu präsentieren. Verlangt der Empfänger detaillierte Informationen oder nur eine Zusammenfassung? Ist der Empfänger faktenorientiert oder nicht?

- Wer muss sich zum Thema äußern beziehungsweise seinen Standpunkt einbringen? Infrage kommen: eigene Vorgesetzte, Vorgesetzte anderer Abteilungen, Kollegen aus der eigenen Abteilung, Kollegen anderer Abteilungen sowie externe Fachleute (Rechtsanwälte, Berater, Steuerberater, Gutachter ...). Aber passen Sie auf, dass Inhalte, Thesen oder Empfehlungen nicht einem übertriebenen Konsensdenken zum Opfer fallen.

Schritt 2: Nennen Sie die Priorität des Themas

Der Empfänger muss die Möglichkeit haben, das Problem oder den Sachverhalt sofort einordnen zu können. Versuchen Sie deshalb als Erstes, die Priorität anzugeben. Zur Klassifikation empfehle ich die sogenannte Eisenhower-Methode (benannt nach dem US-amerikanischen General und Präsidenten Dwight D. Eisenhower), die in folgender Grafik dargestellt ist.

Prioritätenklassifikation nach der Eisenhower-Methode

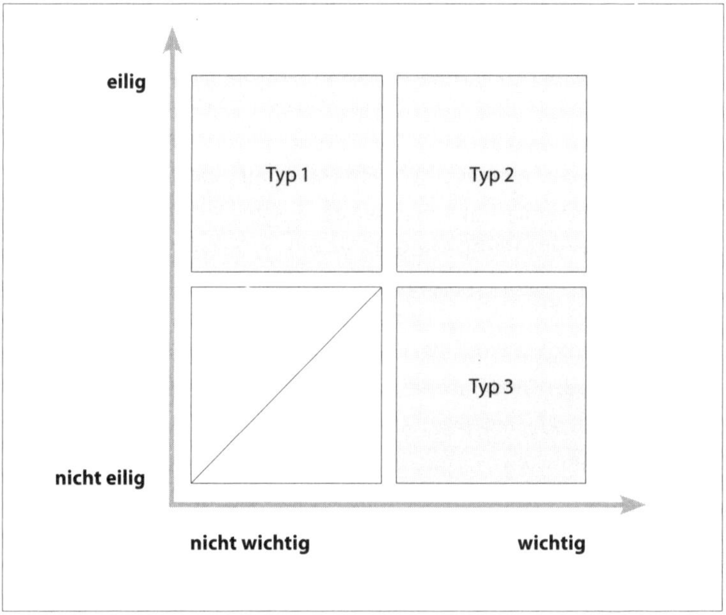

Daraus ergeben sich folgende Kombinationen aus Wichtigkeit und Dringlichkeit:

- Typ 1: eilig, aber geringe Wichtigkeit;
- Typ 2: eilig und hohe Wichtigkeit;
- Typ 3: geringe Dringlichkeit, aber hohe Wichtigkeit;
- alles andere eignet sich nicht für Memos.

Schritt 3: Formulieren Sie eine prägnante Betreffzeile

Auf die hohe Bedeutung der Betreffzeile wurde bereits in den Kapiteln über Briefe und E-Mails hingewiesen. Bei Memos gilt das Gleiche: Beschreiben Sie kurz und präzise das Problem oder den Sachverhalt, idealerweise als Frage. Also nicht: »Umstrukturierung Vertriebssystem«, sondern: »Wie sollen wir unser Vertriebssystem umgestalten?«

Schritt 4: Schildern Sie Ihr Anliegen

Bevor Sie mit den eigentlichen Ausführungen beginnen, sollten Sie den Empfänger wissen lassen, was Sie von ihm erwarten. Als Empfänger liest man einen Text nämlich anders, wenn man weiß, dass es etwas zu entscheiden gilt, als wenn man nur etwas zur Kenntnis nehmen soll. Beispielsweise könnten Sie folgende Kategorien verwenden:

- »Zur Kenntnis nehmen«,
- »Entscheiden bis ...«,
- »Gespräch führen«,
- »Aktion veranlassen«.

Schritt 5: Legen Sie das Problem beziehungsweise den Sachverhalt dar

In Anbetracht der Vielfalt an Themen, die in Memos erörtert werden können, ist es schwierig, eine allgemeingültige Gliederung zu empfehlen. Hilfreich ist es jedoch immer, anhand von W-Fragen zu prüfen, ob man alle wichtigen Aspekte genannt hat:

- Wer?
- Was?
- Wann?
- Wo?
- Wie?

- Warum?
- Womit?
- Wie lange?

Sofern Ihr Memo länger ist, sollten Sie wesentliche Aussagen in (aktivisch formulierten) Zwischenüberschriften zusammenfassen. Schreiben Sie zudem eine Zusammenfassung (»Executive oder Management Summary«), die Sie Ihren Ausführungen voranstellen.

Wenn Sie an mehrere Empfänger schreiben, die sich unterschiedlich gut mit dem zugrunde liegenden Thema auskennen, so können Sie detaillierte und weiterführende Informationen in Anlagen ausgliedern. Dafür geeignet sind zum Beispiel eine Historie oder Vorgeschichte, Berechnungen, Gesetzesgrundlagen oder Details zu Lösungsalternativen (siehe Schritt 7).

Schritt 6: Ordnen Sie das Problem beziehungsweise den Sachverhalt ein

Nachdem Sie das Problem oder den Sachverhalt geschildert haben, sollten Sie noch einen Schritt weitergehen und versuchen, einen Bezug des Themas zur Unternehmensstrategie beziehungsweise zum Gewinnziel herzustellen. Was ist damit genau gemeint? Die Empfänger von Memos sind, wie gesagt, in der Regel die Vorgesetzten. Und diese denken strategisch und gewinnorientiert (zumindest sollten sie das tun). Zeigen Sie deshalb immer auf – sofern möglich –, wie Ihr Vorschlag dazu beiträgt, die Unternehmensstrategie zu verwirklichen oder den Gewinn zu erhöhen. Letzteres kann durch Preissteigerungen, eine Erhöhung der Verkaufsmenge oder Kostensenkungen erreicht werden. Wenn Sie es schaffen, einen solchen Bezug herzustellen, dann beweisen Sie unternehmerisches Denken – schaden kann das nie.

Schritt 7: Nennen Sie Lösungsalternativen mit Vor- und Nachteilen

Nun folgt der für die Empfänger spannendste Teil, nämlich der Part, in dem Sie Ihre Lösungsvorschläge unterbreiten. Im Kapitel *Wie löse ich Probleme?*

wurde dargestellt, mit welchen Methoden und Werkzeugen Sie zu Lösungen gelangen können – hier nun ein paar Tipps zur konkreten Darstellung dieser Lösungen:

- Finden Sie aussagekräftige Begriffe für Lösungsalternativen (zum Beispiel »Minimallösung«, »Komfortlösung« oder »Sparpaket«).
- Bedenken Sie, dass sich die Lösungsalternativen deutlich voneinander unterscheiden sollten.
- Beschränken Sie den »Lösungsraum« – erarbeiten Sie nicht zu viele Varianten.
- Sagen Sie, was nötig ist, um die Lösungen umzusetzen – und zwar in zeitlicher, finanzieller und personeller Hinsicht.
- Verwenden Sie zur Erläuterung eine grafische Darstellung (wie etwa einen Entscheidungsbaum).

Schritt 8: Nennen Sie die Alternative des Nichthandelns

Häufig wird bei der Darstellung von Lösungen eine Möglichkeit übersehen: nämlich die, nichts zu machen. Manchmal kann dies eine durchaus sinnvolle Alternative sein. Sagen Sie deshalb, was passiert, wenn das Problem nicht gelöst wird. Gehen Sie auf Vor- und Nachteile des Nichthandelns ein. Eventuell kann es auch nützlich sein, Szenarien (»best case«, »worst case«) zu entwerfen, also zu prognostizieren, wie sich ein Problem oder ein Sachverhalt entwickeln wird, wenn nichts getan wird.

Schritt 9: Geben Sie eine Empfehlung ab, und nennen Sie den nächsten Schritt

Abschließend ist Ihr Urteilsvermögen gefragt. Erleichtern Sie dem Empfänger die Entscheidung, indem Sie sich für eine Alternative aussprechen. Begründen Sie Ihre Meinung mit schlüssigen Argumenten und Beispielen. Wenn Sie sich nicht eindeutig für eine Lösungsvariante entscheiden können beziehungsweise wenn eventuell andere Abteilungen oder Kollegen gegensätzlicher Ansicht sind, dann geben Sie der Fairness halber alle Standpunkte wieder.

Um den Entscheidungsfindungs- sowie den Umsetzungsprozess zu beschleunigen, sollten Sie zudem noch verdeutlichen, was im nächsten Schritt von wem bis wann zu tun ist. Geben Sie ganz zum Schluss noch einen Ausblick: Wie sieht der »Endzustand« aus? (Zum Beispiel: »Wenn wir es schaffen, das neue Vertriebssystem bis Ende 2011 umzusetzen, dann werden wir unseren Marktanteil um 30 Prozent vergrößern können.«)

Schritt 10: Korrigieren Sie Ihr Memo

Wie auch bei Briefen, E-Mails und anderen Textarten, steht als letzter Schritt eine Korrektur an, auch hier in Bezug auf Inhalt, Rechtschreibung, Zeichensetzung, Stil, Verständlichkeit und Form. Stellen Sie sich nun noch die wichtigste Frage: Erleichtert mein Memo dem Empfänger die Entscheidung beziehungsweise das Verständnis? Wenn Sie mit Ja antworten können, dürfen Sie Ihr Memo in Umlauf bringen. Haben Sie Zweifel, müssen Sie nochmals Hand anlegen. ◀

Wie fertige ich ein Protokoll an?

Über die Kriterien, die ein gutes Protokoll erfüllen sollte, herrscht vielfach Unwissen. Ein Protokoll dient der objektiven Information über Besprechungen, Veranstaltungen, Sitzungen, Seminare, Ausschüsse, Debatten, Diskussionen oder Ähnliches. Ein Protokoll sollte vollständig sein und keinerlei persönliche Kommentare oder Gedanken enthalten. Den Teilnehmern dient das Protokoll zur Dokumentation und Nichtanwesenden zur Information.

Man unterscheidet zwischen zwei Arten von Protokollen:

- In Ergebnisprotokollen werden die Ergebnisse einer Besprechung oder Sitzung zusammengefasst festgehalten, und zwar unabhängig davon, wie sie zustande gekommen sind. Ausnahme: Beschlüsse werden im Wortlaut (mit Abstimmungsergebnissen) formuliert.

- In Verlaufsprotokollen wird der Verlauf einer Besprechung oder Sitzung festgehalten, also auch sämtliche Vorschläge, Einwände, Diskussionen und Ausführungen.
- Im Folgenden wird jedoch nicht zwischen diesen beiden Formen unterschieden, da das Vorgehen für den Protokollanten stets das Gleiche ist und zudem in der Praxis oft Mischformen existieren – lediglich die Ausführungen im Mittelteil unterscheiden sich gemäß obiger Abgrenzung. Jetzt aber zur Sache:

In neun Schritten ein Protokoll schreiben

Schritt 1: Klären Sie mit dem Sitzungsleiter organisatorische Fragen

Sprechen Sie mit dem Sitzungsleiter, und holen Sie sich folgende Informationen:

- Wann beginnt die Besprechung oder Sitzung?
- Wann sollen Sie als Protokollant anwesend sein?
- Wird ein Ergebnis- oder Verlaufsprotokoll erwünscht?
- Ist eine namentliche Nennung der Sprecher im Protokoll erforderlich?
- Wie lange wird die Besprechung oder Sitzung ungefähr dauern?
- Bis wann sollen Sie das Protokoll erstellt haben?
- Wer soll das Protokoll lesen beziehungsweise freigeben?
- Wer soll das Protokoll erhalten?
- Gibt es bereits Unterlagen (Tagesordnung, Anträge), die man Ihnen zur Verfügung stellen kann, sodass Sie sich in das Thema einlesen können?

Schritt 2: Legen Sie alle Hilfsmittel bereit

Die meisten Protokollanten machen sich Notizen auf Papier; nur wenige tippen ihre Mitschrift direkt in einen Laptop ein. Falls Sie ebenfalls Papier bevorzugen, dann versorgen Sie sich mit ausreichend Blättern und funktionsfähigem Schreibzeug. Vielleicht wollen Sie auch Farbstifte und Textmarker nutzen? Wenn es ein unternehmensinternes Formular für Protokollnotizen gibt, dann verwenden Sie dieses. Sollte ein solches Formular nicht vorhanden sein, dann können Sie sich eines anhand dieser Vorlage erstellen.

Vorlage für Protokollnotizen

Protokoll	
Datum	
Beginn	
Ende	
Anlass/Thema	
Tagesordnung	1. 2. 3. 4. 5.
Teilnehmer	bei vielen Teilnehmern Notizen auf separatem Blatt notieren; gegebenenfalls können Sie auch eine Unterschriftenliste herumgehen lassen
Entschuldigt	
Abwesend	
Sitzungsleiter	
Protokollführer	

Ausführungen	zu TOP 1 ... zu TOP 2 ...
Anlagen	Anlagen anführen
Unterschrift Sitzungsleiter	
Unterschrift Protokollführer	

Schritt 3: Erscheinen Sie pünktlich am Veranstaltungsort

Kommen Sie frühzeitig in den Konferenzraum, um sich einen Platz zu sichern, von dem aus Sie alle Teilnehmer gut sehen und hören können. Vorteilhaft ist es, wenn Sie zudem einen Platz haben, der einen guten Blickkontakt zum Sitzungsleiter ermöglicht.

Schritt 4: Füllen Sie den Protokollkopf aus

Notieren Sie nun Anlass, Ort, Datum, Teilnehmer, Leitung und Beginn der Besprechung oder Sitzung. Sofern Sie die Einladung und Tagesordnung noch nicht haben, lassen Sie sich diese spätestens jetzt vom Sitzungsleiter geben. Wenn Ihnen die Teilnehmer nicht persönlich bekannt sind, lassen Sie zu Beginn eine Teilnehmerliste herumgehen. Sollte dies nicht möglich sein, so können Sie sich unmittelbar nach Ende der Veranstaltung beim Sitzungsleiter die Teilnehmernamen geben lassen.

Schritt 5: Protokollieren Sie den Verlauf beziehungsweise die Ergebnisse

Sobald die eigentliche Veranstaltung begonnen hat, müssen Sie sich voll konzentrieren, um keinen Beitrag zu verpassen. Je nach Art des Protokolls –

siehe oben – erstellen Sie sich nun Notizen. Es empfiehlt sich, für jeden Tagesordnungspunkt ein eigenes Blatt zu benutzen; nummerieren Sie diese Papiere, damit Sie nicht durcheinanderkommen.

Sofern Anträge mündlich vorgebracht werden, ist es ratsam, die Mitschrift vorzulesen und sich vom Antragsteller bestätigen zu lassen, dass der Antrag so richtig notiert wurde. Bei Abstimmungen über Anträge müssen Sie das Ergebnis genau festhalten: »10 Ja-Stimmen, 8 Nein-Stimmen, 2 Enthaltungen.«

Nachfragen ist erlaubt. Was machen Sie, wenn Sie etwas nicht genau verstanden haben oder nicht schnell genug mitschreiben konnten? Ganz einfach: Sie fragen nach. Jeder hat Verständnis, wenn Ihnen einmal etwas entgeht. Nur allzu häufig sollten Sie natürlich auch nicht nachfragen …

Ein Tipp, um das Schreiben von Protokollen zu üben: Schauen Sie sich eine beliebige Polit-Talkshow im Fernsehen oder auf YouTube an, und versuchen Sie, die Diskussion zu protokollieren. So schulen Sie sich selbst im genauen Zuhören, Erfassen wesentlicher Inhalte und dem Anfertigen von Notizen. Zur Kontrolle können Sie die Sendung aufzeichnen und sich dann nochmals ansehen – so können Sie überprüfen, ob Sie tatsächlich richtig protokolliert haben.

Schritt 6: Füllen Sie den Protokollfuß aus

Nach Abschluss der Besprechung oder Sitzung tragen Sie die Endzeit in Ihr Formular ein. Prüfen Sie, ob Sie alle Unterlagen, die im Verlauf verteilt wurden, in Kopie haben. Sprechen Sie nochmals kurz mit dem Sitzungsleiter und fragen ihn, ob es aufgrund des Verlaufs der Veranstaltung zu Änderungen kommt (wie etwa eine notwendige frühere Fertigstellung des Protokolls oder ein erweiterter Verteilerkreis).

Schritt 7: Verfassen Sie das eigentliche Protokoll

Nun beginnt der für viele »nervigste« Teil – das Schreiben des Protokolls am Computer. Am besten ist es, Sie gehen diese Aufgabe gleich an, denn so haben Sie den Verlauf noch frisch im Kopf und können eventuelle Lücken in der Mitschrift durch Ihr Gedächtnis ausgleichen. Erfahrene Protokollanten reservieren sich im Kalender unmittelbar im Anschluss an eine Besprechung oder Sitzung ausreichend Zeit für die Anfertigung des Protokolls. Je ausführlicher und präziser Ihre Mitschrift war, desto leichter tun Sie sich nun. Allgemein gilt: Fassen Sie sich kurz, und bemessen Sie die Ausführlichkeit Ihrer Niederschrift nach der Wichtigkeit des Beitrags oder Themas.

Schritt 8: Lassen Sie das Protokoll freigeben

Geben Sie Ihr Protokoll dem Sitzungsleiter zum Gegenlesen. Sofern keine Einwände bestehen, kann es nun von ihm und Ihnen unterzeichnet werden.

Schritt 9: Verteilen Sie das Protokoll

Je nach festgelegtem Verfahren, erstellen Sie jetzt Papierkopien oder versenden das Protokoll per E-Mail. Achten Sie darauf, dass Sie alle erwähnten Anlagen (Anträge, Beschlüsse, Folien, Pläne) beifügen. Legen Sie einen unterschriebenen Ausdruck des Protokolls zusammen mit Ihrer Mitschrift ab. ◀

▶ Sprachliche Besonderheiten von Protokollen

Die Protokollsprache hat einige Besonderheiten, die Sie berücksichtigen sollten:

- Schreiben Sie in einem sachlich-distanzierten Stil.
- Interpretationen oder Wertungen sind nicht erwünscht.
- Verzichten Sie auf Überleitungen zwischen den Tagesordnungspunkten.
- Schreiben Sie beim Verlaufsprotokoll in der Gegenwartsform, beim Ergebnisprotokoll entweder in der Gegenwarts- oder ersten Vergangenheitsform (»sagte«).

- Stichwortartige Aufzählungen sind bei weniger bedeutenden Themen möglich.
- Kennzeichnen Sie Redebeiträge deutlich, wie zum Beispiel: »Herr Messerschmidt führt aus, erklärt, erläutert, verspricht, sagt zu, betont, widerspricht ...«
- Stellen Sie längere Redebeiträge in indirekter Rede/im Konjunktiv dar (»Laut Frau Sauer würde eine Erhöhung ...«).
- Geben Sie wichtige Passagen – wie etwa Anträge oder Beschlüsse – wörtlich und mit Kennzeichnung durch Anführungszeichen wieder.
- Verzichten Sie nur bei unwesentlichen Beiträgen auf Namen (»Es wurde hervorgehoben ...«).
- Beziehen Sie Fragen in die Antworten ein (»Auf die Frage, ob man auch ... erklärte Dr. Kleine ...«). ◀

Wie erstelle ich eine Gesprächs- oder Aktennotiz?

Gesprächs- oder Aktennotizen sind eine Kurzform des Protokolls und geben persönlich oder mündlich geführte Gespräche wieder. Sie dienen vor allem als Erinnerungsstütze, zur Dokumentation und zur Information für Dritte. Die Anfertigung einer Aktennotiz ist insbesondere dann erforderlich, wenn die Wahrscheinlichkeit besteht, dass es später zu Differenzen über den Gesprächsinhalt kommt. Hier ein paar Tipps:

- Erstellen Sie Ihre Notiz unmittelbar nach Beendigung des Gesprächs.
- Es reicht, wenn Sie Stichpunkte festhalten – diese müssen jedoch aussagekräftig sein, sodass man später noch problemlos versteht, worum es ging.
- Aktennotizen sollten möglichst im Aktiv geschrieben werden,

damit klar wird, wer wofür verantwortlich ist beziehungsweise wer was gesagt hat.

- Fassen Sie die Redebeiträge in indirekter Rede zusammen: »Herr Müller meinte, dass die Lieferung noch heute das Haus verlasse.« Verwenden Sie dazu den Konjunktiv I.
- Sehr bedeutsame Redebeiträge sollten wörtlich wiedergegeben werden: »Herr Müller sagte: ›Auf dieses Geschäft lassen wir uns nicht ein.‹«
- Oft werden in Gesprächs- oder Aktennotizen Abkürzungen verwendet, um Zeit zu sparen. Dies ist sinnvoll und angebracht, solange man selbst und gegebenenfalls Dritte die Abkürzungen problemlos dechiffrieren können.
- Gesprächs- oder Aktennotizen werden meistens nicht handschriftlich unterschrieben, sondern nur mit dem Namenskürzel versehen.

Das folgende Formular für Gesprächs- oder Aktennotiz beinhaltet alle genannten Elemente:

Formular für Gesprächs- oder Aktennotizen

Gesprächs- / Aktennotiz	
Datum	
Uhrzeit	
Gesprächspartner	Name: Firma: Tel.:
Art / Ort	❑ persönlich in .... ❑ telefonisch ....
Anlass / Thema	

Inhalte	
Zur Info an	
Zu erledigen / klären	❑ zur Kenntnis nehmen ❑ weiterleiten an: .... ❑ anrufen: .... ❑ ....
Abzulegen unter	
Verfasser	

Wie erstelle ich eine Folienpräsentation?

Ein kritisches Wort vorab: Vor einigen Jahren gelangte eine Studiengruppe an der University of New South Wales (Australien) zu der Erkenntnis, dass uns Folienpräsentationen überfordern. Es sei kontraproduktiv, Informationen in einer Mischung aus akustischer, visueller und eventuell sogar noch bewegter Form zu vermitteln. Informationen würden besser verstanden, wenn man sie entweder akustisch oder visuell überbringe. Der Grund: Wenn Text und Sprache parallel laufen, dominiert das Geschriebene. Das gesprochene Wort verhallt und wird vergessen.

Wenn Sie vermuten, dass ich nun zu einer Hetzrede gegen Folien ansetze, dann muss ich Sie enttäuschen! Denn Folien sind nicht per se schlecht; sie kommen den Gewohnheiten des Menschen entgegen: Der Mensch ist ein Augentier und nimmt visuelle Informationen besonders effizient auf.

Aber wie sieht die Realität aus? Folienpräsentationen sind oft von miserabler Qualität. Noch immer scheint sich das Vorurteil zu halten, dass die Anzahl an Folien und Informationen mit der Kompetenz des Referenten korreliert. Außerdem sind die meisten Folienpräsentationen mit viel zu viel Text und Details gefüllt. Das Gegenteil ist aber der Fall, sowohl was die Menge an Folien als auch was deren Inhalt betrifft: Weniger ist mehr. Verschiedene Studien bestätigen diese Empfehlung. Vom Inhalt einer Präsentation bleiben den Zuhörern durchschnittlich nur 7 Prozent im Gedächtnis haften. Entscheidend ist vor allem das Gefühl, das der Inhalt bei den Zuhörern auslöst, nicht die Anzahl der Folien und die Textmenge.

Was also ist zu tun? Zunächst gilt es, den am häufigsten begangenen und schlimmsten Fehler bei Folienpräsentationen zu vermeiden: Folien dürfen nicht gleichzeitig als Handouts für die Teilnehmer genutzt werden. Wenn man zwei Hasen jagt, bekommt man keinen. Oder etwas deutlicher gesagt, machen Sie sich die Mühe, und erstellen Sie zwei Arten von Dokumenten: Folien gemäß der folgenden Anleitung und Teilnehmerunterlagen, in denen Sie alle Details, Zahlen oder Grafiken unterbringen.

Auf den Punkt gebracht: Multimediale Folienpräsentationen in herkömmlicher, also textlastiger Form, etwa mit PowerPoint, sind schlecht geeignet, um Inhalte zu vermitteln. Dennoch hat man im Berufsalltag (leider) oft keine Wahl: Der Einsatz von Folien wird erwartet. Haben Sie dann den Mut, »moderne« Folien zu erstellen oder sogar ganz darauf zu verzichten. Setzen Sie stattdessen lieber auf Ihr Redetalent, und benutzen Sie zur Unterstützung Flipchart-Zeichnungen (siehe den entsprechenden Abschnitt *Wie präsentiere ich am Flipchart?*).

Bevor Sie wieder in einer Schritt-für-Schritt-Anleitung erfahren, wie Sie gelungene Folien erstellen, noch ein Wort zur Vorbereitungszeit. Diese wird nämlich sehr häufig unterschätzt. Ich rechne ungefähr – das hängt natürlich stark vom Thema und dem Vorwissen ab – mit einem Faktor 1 zu 20. Sprich: Für eine Minute Folienpräsentation benötige ich etwa 20 Minuten Vorbereitungszeit. Fangen Sie also rechtzeitig mit der Vorbereitung an, wenn Sie erfahren haben, dass Sie eine Folienpräsentation halten müssen/dürfen.

In sieben Schritten eine Folienpräsentation erstellen

Schritt 1: Klären Sie, was Ihr Ziel ist

Sie haben es in diesem Buch schon mehrfach gelesen: Nur, wer sein Ziel kennt, kann den Weg finden. Also: Machen Sie sich Gedanken darüber, was Sie eigentlich erreichen wollen. Halten Sie inne und fragen Sie sich: »Wenn sich mein Publikum nur einen einzigen Satz merken könnte, welcher wäre das?« Die Antwort ist Ihr Ziel beziehungsweise Ihre Kernbotschaft.

Schritt 2: Klären Sie die Rahmenbedingungen

Beantworten Sie folgende Fragen:

- Wie viel Zeit steht zur Verfügung?
- Wie viele Zuhörer werden erwartet?
- Welche Technik steht zur Verfügung (Beamer, Notebook, Mikrofon)?
- Wo findet der Vortrag statt?

Schritt 3: Klären Sie, wer Ihr Publikum ist

Wie bei allen Kommunikationsformaten und -arten ist es auch beim Erstellen von Präsentationen wichtig, sich zunächst einmal Gedanken über die Empfänger, also das Publikum, zu machen. Das ist gar nicht so einfach, wie es zunächst erscheinen mag, denn wir alle unterliegen dem sogenannten »Fluch des Wissens« (»curse of knowledge«): Wir wissen einfach zu viel über unser Fachgebiet und können uns nicht (mehr) vorstellen, dass andere weniger wissen. Nähern Sie sich also Ihren Zuhörern an, indem Sie möglichst viel über sie herausfinden: das Alter, die Geschlechtsverteilung, die hierarchische Stellung, das Verhältnis von Theoretikern zu Praktikern, den Fachbereich, die Aufgeschlossenheit gegenüber Ihrem Thema (Vorurteile, Einwände, Empfindlichkeiten, Widerstände), Vorwissen und Erfahrungen, Motive für die Teilnahme (freiwillig, gezwungen) oder auch Interessenskonflikte zwischen Teilnehmern.

Schritt 4: Sammeln Sie Stoff, und entwickeln Sie ein »Drehbuch«

Die Vielfalt an Themen für einen Folienvortrag macht spezielle Empfehlungen schwer möglich. Aber das folgende Schema kann zumindest in den Fällen eine brauchbare Grundlage für die Gliederung Ihres Folienvortrags sein, in denen es um die Darstellung und Lösung eines Problems geht.

Problem:

- Wie lautet das Thema?
- Warum ist das Thema wichtig für die Zuhörer?
- Was ist das Problem?
- Wie hat sich das Problem ergeben?
- Wie ist das Publikum betroffen?
- Welchen Nutzen haben die Zuhörer?

Konzept:

- Was kann getan werden?
- Welches sind die Alternativen?
- Wie sieht die zu treffende Wahl aus?
- Wie sieht die Lösung aus?
- Warum ist es die beste Lösung?
- Was würde die Lösung bringen?
- Was wäre zur Umsetzung erforderlich (zeitlich, finanziell, personell)?

Ergebnis:

- Wie sehen die nächsten Schritte aus?
- Wer ist dafür bis wann verantwortlich?
- Was wird vom Publikum erwartet?

Bei Vorträgen, bei denen die Informationsvermittlung im Mittelpunkt steht, können Ihnen die folgenden Fragen helfen, Ihren Vortrag zu gliedern:

Einleitung:

- Wie lautet das Thema?
- Warum ist das Thema wichtig für die Zuhörer?
- Was ist das Ziel des Vortrags?

Hauptteil:

- Was war, was ist, was wird sein?
- Wo ist das Thema relevant?
- Welchen Einfluss haben Faktor X, Y und Z auf das Thema?
- Welchen Nutzen hat wer?
- Welche Nachteile hat wer?
- Wie können die Aussagen begründet werden?
- Welche Beispiele lassen sich anführen, um die Thesen zu bestätigen?

Zusammenfassung:

- Welche Schlussfolgerungen lassen sich ziehen?
- Was muss getan werden? Wie geht es weiter?
- Was haben die Thesen oder Aussagen mit der Ausgangssituation zu tun?

Arbeiten Sie auf Papier. Halten Sie Ihre ersten Überlegungen auf Papier fest – wer gleich mit dem PC arbeitet, ist bereits zu sehr der klassischen »PowerPoint-Denkweise« verhaftet. Allein die Tatsache, mit einem Stift zu arbeiten, macht kreativer. Besser ist es, die Gedanken auf Papier oder, noch besser, auf Post-its festzuhalten. Wenn Sie diese an eine Tafel oder Wand kleben, haben Sie gleich einen guten Überblick über den Gesamtvortrag. Verwenden Sie für jeden Gedanken, also für jede Folie, einen eigenen Zettel.

Eine Alternative zu Post-its sind A4-Ausdrucke: Öffnen Sie dazu eine leere Folie in PowerPoint oder Keynote, und kopieren Sie diese dreimal. Anschließend drucken Sie Ihre Folien in der Ansicht »Handzettel« (drei Folien pro Seite) wie in folgender Grafik aus. Auf diese Weise erhalten Sie ein Formular, mit dem Sie Ihre Präsentationsskizze erstellen können.

Vorlage für Ihre Präsentationsskizze

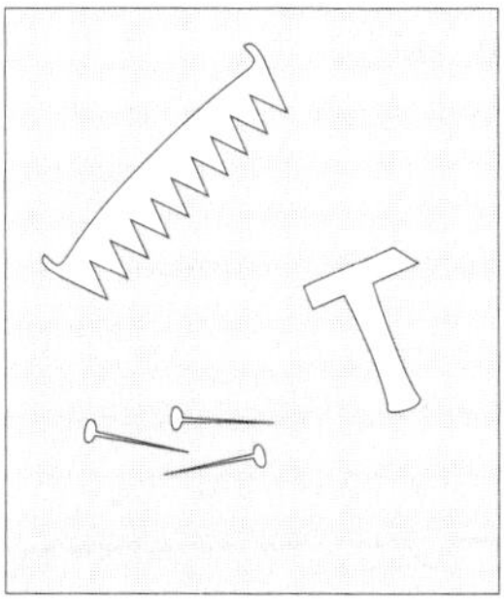

Karriere hängt nicht nur vom Zufall / Netzwerk ... ab, sondern auch vom handwerklichen Können

Handwerkliches Können wird nicht gelehrt

→ es kommt zu Unfällen

Benötigt wird ein

»Karriereführerschein«

→ Grundlagenwissen

Schritt 5: Komprimieren Sie Ihre Stoffsammlung zu Thesen

Nun gehen Sie daran, den gesammelten Stoff den einzelnen Gliederungspunkten zuzuordnen. Hinsichtlich der Anzahl an Folien gibt es in Theorie und Praxis recht widersprüchliche Empfehlungen. Grundsätzlich gilt: »When in doubt, cut it out!« Wenn Sie daran zweifeln, ob eine Folie erforderlich ist, dann denken Sie daran: »In wirklich guten Präsentationen wird etwas gezeigt, was sprachlich nicht besser dargestellt werden könnte.« Die Gütefrage lautet also: Erleichtert eine Folie dem Publikum das Verständnis, trägt sie dazu bei, meine Inhalte schneller/besser zu vermitteln?

Häufig zitiert wird auch die 10-20-30-Regel von Guy Kawasaki; sie besagt, dass eine Folienpräsentation

- nicht mehr als 10 Folien umfassen,
- unter 20 Minuten dauern und
- eine Schriftgröße von mindestens 30 Punkt

  aufweisen sollte.

Daraus lässt sich ableiten, wie viel Redezeit Sie für eine Folie kalkulieren sollten, nämlich zwei Minuten. Wenn Ihnen also 50 Minuten Redezeit eingeräumt werden, dann sollten Sie maximal 25 Folien zeigen.

Und wie sollte die Gesamtzeit auf die verschiedenen Vortragsabschnitte verteilt werden? Auch dazu eine konkrete Empfehlung:

- Einleitung: 10 Prozent
- Hauptteil: 50 Prozent
- Zusammenfassung: 10 Prozent
- Diskussion: 20 Prozent
- Fazit / Schluss: 10 Prozent

Schritt 6: Stellen Sie Ihre Thesen visuell dar

Erstellen Sie nun Ihre Folien. Dabei sollten Sie sich an der asiatischen Zen-Philosophie orientieren. Zen bedeutet: Die Dinge des täglichen Lebens sollten vollkommen sein, bis hin zur Unscheinbarkeit. Klingt esoterisch, hat aber einen handfesten, neurobiologischen Hintergrund: Je weniger zu sehen ist, desto besser kann man sich darauf konzentrieren, desto mehr bleibt in Erinnerung. Verzichten Sie auf alles, was Leseenergie frisst, wie etwa Logos, kleine Bilder, Legenden, Verzierungen, Schatten, Boxen, Fußzeilen und Ähnliches. Sogar Überschriften sind meines Erachtens nicht erforderlich – Sie sind schließlich anwesend und erklären, was zu sehen ist. Folien sollten sein wie Verkehrsschilder: schnell und einfach zu verstehen. Trennen Sie sich daher von allem, was nicht unbedingt erforderlich ist. Warum? Dazu ein Vergleich: Im Radio läuft Ihr Lieblingssong, aber der Empfang ist katastrophal – das Rauschen überlagert die schöne Melodie, Sie stellen ab. Ähnlich verhält es sich mit Folien. Selbst die besten Inhalte können das Publikum nicht faszinieren, wenn es zu viele (grafische) Ablenkungen gibt.

Verzichten Sie auf eine Mustervorlage (Master): Die menschliche Wahrnehmung verarbeitet in der Regel jedes Bild komplett neu. Wenn große Teile immer wieder gleich aussehen, schlussfolgert das Gehirn: »Kenne ich schon«, und schaltet ab. Gestalten Sie Ihre Folien also unterschiedlich. Lediglich die erste und letzte Folie sollten im »Corporate-Identity-Kleid« (Schriften, Farben, Logo) erscheinen, dazwischen ist Abwechslung gefragt. Bitte missverstehen Sie meine Empfehlung aber nicht als Aufforderung zur gestalterischen Anarchie. Verzichten Sie also auf (zu viele) Layoutelemente, wie Schriftarten, Farben, Animationen und Ähnliches, und lassen Sie einige Stilelemente immer wieder auftauchen. Wenn Sie (zum Beispiel aufgrund von Firmenvorgaben) nicht unterschiedliche Folien produzieren können, dann gestalten Sie alle Ihre Folien nach dem gleichen Muster.

Zum Format: Geben Sie beim Einrichten der Seite das Verhältnis 1,777 zu 1 ein, das heißt zum Beispiel 30 Zentimeter Breite und 16,9 Zentimeter Höhe. So erzielen Sie den Panoramaeffekt, den auch die modernen TV-Geräte bieten. Arbeiten Sie mit Hilfslinien (einem Raster) – diese helfen Ihnen, Ihre Folien übersichtlich zu gestalten.

Lassen Sie viele Freiräume. Ihre Folien sollten aussehen wie die Auslage eines typischen Luxusgütergeschäfts: ziemlich leer, dafür edel.

Wählen Sie einen weißen / hellen oder dunklen Hintergrund. Sie können auch eine Signalfarbe (Hellgrün, Orange) wählen – entscheidend sind deut-

Chart Chooser: Welches Diagramm für welche Daten?

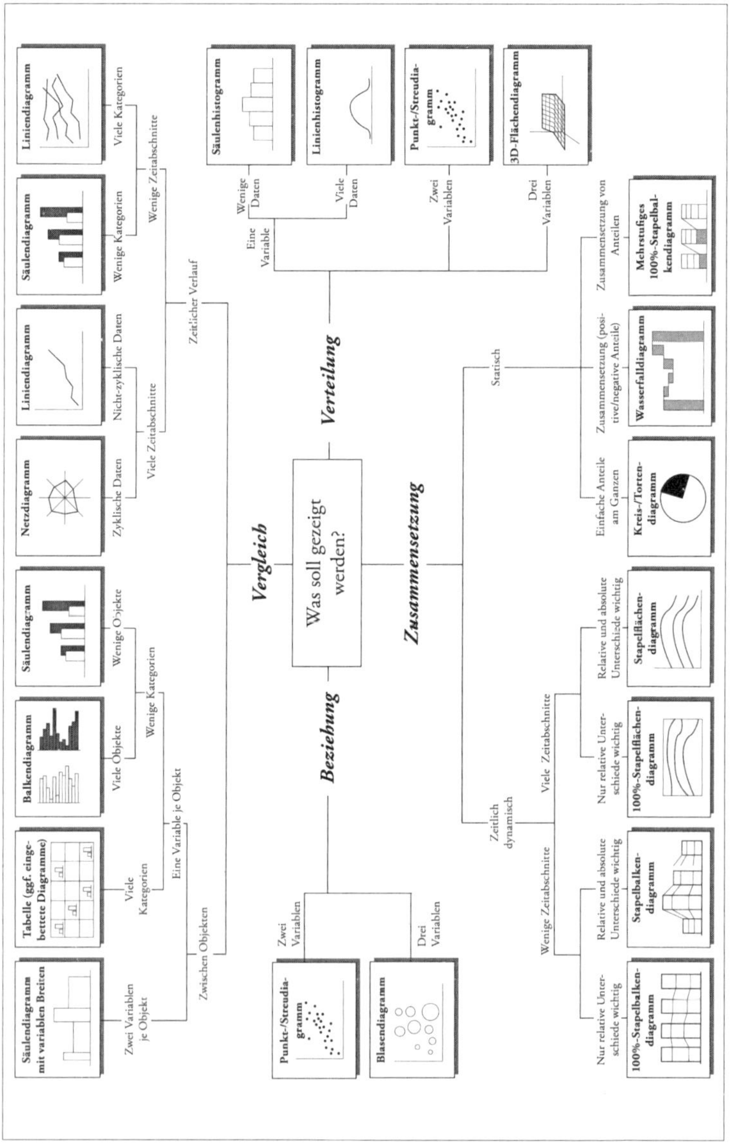

Aus dem Englischen übertragen von Nils König, http://kingnils.de/nils@kingnils.de

Quelle: www.ExtremePresentation.com, © 2009 A. Abela – a.v.abela@gmail.com liche Kontraste, sodass die Schrift beziehungsweise Bildelemente gut zu erkennen sind.

Verwenden Sie Farben, die miteinander harmonieren – dies sind diejenigen Farben, die sich im Farbkreis gegenüberliegen, wie etwa Orange und Blau oder Grün und Rot.

Schreiben Sie nie mehr als 40 Wörter auf eine Folie. Idealerweise kommen Sie mit weniger als 20 Wörtern aus. Einige Experten sagen: Der Inhalt einer Folie sollte in weniger als zwei Sekunden erfasst werden können.

Verwenden Sie einen großen Schriftgrad, mindestens 24, besser noch 30 Punkt. Das fördert nicht nur die Lesbarkeit, sondern beschränkt auch den Platz, der Ihnen zur Verfügung steht – so sind Sie automatisch zur Selbstbeschränkung gezwungen.

Verwenden Sie einen großen Zeilenabstand (mindestens 1,3 Punkt) und niemals mehr als sieben Informationselemente (Zeilen / Textblöcke, Bilder, Grafiken, Symbole), weil die Kapazität des Arbeitsgedächtnisses auf sieben (plus / minus zwei) Elemente beschränkt ist.

Bauen Sie ganzseitige Bilder (Fotos) ohne Beschriftung in den Vortrag ein. Das Bild sollte Spannung aufbauen und für sich wirken – Sie liefern mit Ihrem Vortrag die Erklärung dazu. Wenn Sie keine ganzseitigen Bilder, sondern nur kleinere Ausschnitte verwenden, so ordnen Sie die Bildelemente asymmetrisch, also nicht zentriert, an.

Holen Sie sich Anregungen von anderen, zum Beispiel auf der Seite www.slideshare.net.

Um Zahlen darzustellen, gibt es verschiedene Möglichkeiten – je nachdem, ob Sie einen Vergleich, eine Beziehung, eine Zusammensetzung oder eine Verteilung darstellen wollen, kommen unterschiedliche Diagramme infrage. Die Übersicht »Welches Diagramm für welche Daten?« (mit freundlicher Genehmigung von Nils König) bietet Ihnen eine Entscheidungshilfe.

Schritt 7: Halten Sie einen Probevortrag, und korrigieren Sie Ihre Folien

Je wichtiger Ihre Präsentation ist, desto mehr Zeit sollten Sie investieren, um sie einzuüben und zu verbessern. Bitten Sie Kollegen, Bekannte oder

Freunde um ihr Urteil. Versuchen Sie, Ihren Vortrag frei zu halten. Wenn Ihnen dies nicht gelingt, so fertigen Sie sich einen Sprechzettel an, allerdings ohne ausformulierte Sätze, sonst besteht die Gefahr, dass Ihr Vortrag zu »hölzern« oder monoton klingt. Prüfen Sie abschließend, ob Ihre Präsentation fehlerfrei ist, und zwar in Bezug auf Inhalt und Dramaturgie, Rechtschreibung und Zeichensetzung sowie Form und Lesbarkeit.

Lernen Sie von professionellen Rednern. Ich habe eine – englischsprachige – Internetseite entdeckt, die Sie unbedingt einmal besuchen sollten: www.ted.com/talks; dort finden Sie Videos von wirklich gelungenen Folienpräsentationen.

Machen Sie während der Präsentation öfter einen »Zwischenstopp« mit einer schwarzen Folie. Dazu müssen Sie lediglich die Taste »B« drücken, schon wird der Bildschirm schwarz.

Optimierungsgesetze für Folienpräsentationen

Professor Siegfried Vögele vom Deutschen Forschungszentrum für Direktmarketing an der Universität München hat einige »Optimierungsgesetze« zusammengestellt. Beherzigen Sie diese Regeln, und verbessern Sie auf diese Weise Ihre Folienpräsentationen. Diese Empfehlungen gelten übrigens generell, also zum Beispiel auch für die Gestaltung von Anzeigen:

- Bild schlägt Text,
- großes Bild vor kleineren Bildern,
- farbiges Bild vor schwarz-weißen Bildern,
- warme vor kalten Farbtönen,
- Mensch vor Produkt,
- Kind vor Erwachsenen,
- »Action« vor Ruhe,
- Porträt vor Ganzaufnahme,

- große Headline vor kleineren,
- kurze Wörter und Zeilen vor langen,
- kurze Absätze vor langen,
- senkrechte Flächen vor waagrechten,
- diagonale Flächen vor senkrechten,
- Kreisflächen vor rechteckigen Flächen. ◀

Mündliche Kommunikation

Egal, ob Sekretärin, Sachbearbeiter, Abteilungsleiter oder Vorstand: Die meisten Büroarbeiter verbringen heute einen Großteil ihrer Arbeitszeit mit mündlicher Kommunikation oder, um es deutlicher zu sagen, sie führen Gespräche. Welche Regeln dabei grundsätzlich sowie bei besonderen Gesprächsanlässen beachtet werden sollten, erfahren Sie in diesem Kapitel. Wie schon bei der schriftlichen Kommunikation gilt auch hier, dass der Sender dafür verantwortlich ist, dass seine Nachricht möglichst exakt beim Empfänger ankommt. Mit anderen Worten heißt das: Es ist nicht das wahr, was Sie sagen, sondern das, was der Gesprächspartner versteht.

Wie führe ich konstruktive Gespräche?

Sie wissen bereits, dass sich die Kommunikationsforscher heute in Folgendem einig sind: Es liegt in der Verantwortung des Senders, dass die eigene Nachricht möglichst genau beim Empfänger ankommt und auch verstanden wird. Das heißt also für Sie: Wenn Sie nicht (richtig) verstanden wurden, dann zählt keine Entschuldigung nach dem Motto: »Mein Gesprächspartner hat einfach nicht kapiert, was ich gemeint habe.« Sie haben sich wahrscheinlich einfach nicht deutlich genug ausgedrückt oder es nicht geschafft, sich in die Rolle/Situation Ihres Zuhörers hineinzudenken. In diesem Kapitel erfahren Sie alles, was Sie wissen müssen, um konstruktive Gespräche zu führen – sei es als Sender oder als Empfänger.

Halten Sie Abstand zum Gesprächspartner. Es gibt einen Bereich (Radius) um den Menschen herum, in den sich fremde Personen nicht begeben sollten. Dieser Bereich wird »Intimdistanz« genannt – diese ist kultur-, gesellschafts- und geschlechtsspezifisch. In Deutschland beträgt die intime Zone etwa 20 bis 60 Zentimeter um die Person herum. In anderen Ländern hingegen kann diese Distanz variieren, etwa bis zu einem Meter.

Im Alltag wird dieser Schutzraum häufig unbeabsichtigt verletzt (beispielsweise im öffentlichen Nahverkehr). Bei Großveranstaltungen, wenn sich Menschenmassen zusammendrängen (etwa bei Konzerten oder Stadionbesuchen), können solche Verletzungen der intimen Zone gelegentlich zu Aggressionen führen.

Achten Sie darauf, dass Sie bei Gesprächen diese Intimdistanz wahren. Halten Sie bei Bekannten einen Abstand von mindestens einer Ellbogenlänge, bei Fremden hingegen einen Abstand von mindestens einer Armlänge.

Werden Sie ein guter Zuhörer. In fast jeder Gesprächssituation taucht fast zwangsläufig bei jedem Zuhörer die Versuchung auf, sich irgendwie abzulenken. Das hat meistens äußerliche Ursachen: Lärm, schlechte Luft, schlechte Akustik oder eine schwerfällige Sprache. Verschiedene Studien zeigen, dass der Mensch nur etwa 30 Sekunden in der Lage ist, intensiv zuzuhören – danach lässt er seine Gedanken automatisch schweifen. Das ist schade, denn gerade das macht gute und erfolgreiche Kommunikation aus: dem anderen aufmerksam zuhören zu können. So zeigen Sie nicht nur Respekt gegenüber Ihrem Gesprächspartner, sondern nutzen auch die Chance dazuzulernen.

Hier einige Tipps, wie es Ihnen gelingt, Ihrem Gesprächspartner konzentriert zuzuhören:

- Setzen Sie sich beim Zweiergespräch über Eck, etwa in einem Winkel von 90 bis 130 Grad. Wenn man sich direkt gegenübersitzt, wird dies (unterbewusst) als Konfrontation erlebt, wie man es beispielsweise aus Verhören kennt. Evolutionsbiologisch assoziiert der Mensch nämlich einen frontalen Augenkontakt mit Kampf oder Konkurrenz.

- Behalten Sie Ihre Hände oberhalb des Tisches.
- Schenken Sie Ihrem Gesprächspartner volle Aufmerksamkeit, und unterlassen Sie sämtliche Nebentätigkeiten, wie etwa zu lesen, auf das Handy zu starren oder E-Mails abzurufen.
- Während der andere spricht, sollten Sie nicht in der Zwischenzeit schon Ihren eigenen Redebeitrag vorbereiten.
- Lassen Sie Ihren Gesprächspartner ausreden – auch wenn es Ihnen schwerfallen sollte.
- Signalisieren Sie durch gelegentliches Nicken, dass Sie aufmerksam zuhören. Denn in der Regel beobachtet Sie Ihr Gesprächspartner genau und sucht in Ihrer Körpersprache Hinweise darauf, ob Sie ihm folgen.
- Betrachten Sie ebenso Ihren Gesprächspartner beim Reden, und analysieren Sie seine Körpersprache – das wird Ihnen viel verraten.
- Versuchen Sie, die Stille einer Gesprächspause auch einmal zu ertragen.
- Setzen Sie öfter positive Gesprächsverstärker ein (zum Beispiel: »aha«, »tatsächlich«, »mmh«, »ja«, »genau«, »ach was« ...).
- Geben Sie keine (unerbetenen) Ratschläge, Lösungen, Wertungen oder Kritik.
- »Spiegeln« Sie die Gefühle des Gesprächspartners behutsam (lächeln Sie etwa, wenn sie oder er lächelt).
- Wenden Sie die Technik des aktiven Zuhörens an, indem Sie die Aussage des Gesprächspartners mit eigenen Worten wiederholen (zum Beispiel: »Sie meinen also, dass ...«, »Das

bedeutet, dass …«, »Zusammengefasst heißt das also …«, »In anderen Worten …«).

- Fragen Sie notfalls nach, und stellen Sie sicher, dass Sie erkannt und verstanden haben, was Ihr Gesprächspartner will (»Was meinen Sie mit …?«).

▶ Lernen durch Zuhören

Jede Minute, die Sie darauf verwenden, andere zu beeindrucken – indem Sie selbst erzählen –, ist eine Minute, in der Sie keine Informationen bekommen. Ein US-amerikanischer Versicherungsvertreter, der in den 1950er-Jahren sehr erfolgreich war, wird mit dem Ausspruch zitiert: »Wir könnten viel gewinnen, wenn wir jeden Morgen Gott bitten würden: ›Hilf mir, dass ich den Mund halte, bis ich alles Nötige erfahren habe!‹« Die Lektion daraus: Wer zuhört, zeigt nicht nur ein höfliches Verhalten, sondern nutzt auch sich selbst. So gibt es Untersuchungen, die belegen, dass Menschen, die weniger Redezeit benötigen als ihr Gegenüber, als bessere und klügere Gesprächspartner empfunden werden. ◀

Stellen Sie Fragen. Stellen Sie Ihrem Gesprächspartner Fragen, am besten offene Fragen. Diese beginnen stets mit W- und I-Fragewörtern (»warum«, »wie«, »wovon«, »wer«, »was«, »wozu«, »inwieweit«, »in welcher Weise«). Fragen Sie also nicht: »Haben Sie schon Urlaubspläne?« Sondern: »Wie sehen Ihre Urlaubspläne aus?«

Wenn das Gespräch stocken sollte beziehungsweise wenn vergeblich nach ergiebigen Themen gesucht wird, können Sie sogenannte »Was-wäre-wenn-Fragen« stellen. Zum Beispiel: »Ich habe mich schon oft gefragt, was wäre, wenn wir ein Tempolimit auf den Autobahnen hätten?«

Sogenannte »Echofragen« können Sie einsetzen, um ein Thema auszuloten oder zu präzisieren. Wiederholen Sie dazu ein oder zwei Schlüsselwörter der Aussage. Wenn zum Beispiel Ihr Gesprächspartner sagt: »Der Plan ist unausgereift«, dann haken Sie nach: »Unausgereift?« Generell gilt jedoch: Fragen Sie nur bei echtem Interesse nach (»Wie meinen Sie das genau?«). Achtung: Es besteht die Gefahr, dass eine Verhörsituation entsteht, wenn Sie zu häufig oder zu intensiv nachfragen.

Seien Sie kritisch. Betrachten Sie die Aussagen des Gesprächspartners durchaus kritisch. Fragen Sie sich: Was hat er nicht gesagt, was hat er verschwiegen? Hat er es bewusst verschwiegen oder einfach vergessen, es zu erwähnen?

Bereiten Sie eigene Redebeiträge gedanklich vor. Nehmen Sie sich die Zeit, um Ihre Redebeiträge gedanklich vorzubereiten – aber nicht, wenn Ihr Gesprächspartner gerade spricht. Lassen Sie sich Zeit. Nutzen Sie die sogenannte »Anrufbeantwortertechnik«, und warten Sie nach dem letzten Wort Ihres Gesprächspartners etwa drei Sekunden mit Ihrer Antwort.

Manchmal ist allerdings auch Schweigen besser als Reden – sprechen Sie nur dann, wenn Sie etwas Sinnvolles mitzuteilen haben. Und noch ein Tipp: Menschen neigen dazu, dem Sender eher folgen zu können, wenn seine Absicht klar ist. Sagen Sie also relativ bald, worum es Ihnen eigentlich geht.

Sprechen Sie Ihre(n) Gesprächspartner mit Namen an. Für die meisten Menschen gilt: Man hört nichts so gern, wie seinen eigenen Namen – machen Sie sich diese Erkenntnis zunutze, und sprechen Sie Ihren Gesprächspartner immer mal wieder mit seinem Namen an, allerdings nicht übermäßig. Es wirkt unnatürlich, wenn Sie in jedem zweiten Satz den Namen Ihres Gegenübers aussprechen.

Reden Sie in kurzen Hauptsätzen. Kurze Sätze sind ein wesentliches Merkmal verständlicher Texte. Dies gilt umso mehr für das gesprochene Wort; schließlich hat der Zuhörer nicht die Möglichkeit – wie in einem Buch – zurückzublättern. Versuchen Sie, mit maximal 15 Wörtern pro Satz auszukommen, noch besser wären nicht mehr als zehn (kurze) Wörter.

Formulieren Sie unmissverständlich. Nur wer sich eindeutig ausdrückt, vermeidet Interpretationsspielräume und Missverständnisse. Sprechen Sie also Anweisungen und Vorgaben klar und direkt aus. Sagen Sie nicht: »Es wäre schön, wenn Sie das demnächst erledigen könnten«, sondern seien Sie deutlich: »Bitte erledigen Sie das bis 11 Uhr.«

Äußern Sie sich schnörkellos und mit Überzeugung. Wenn Sie Nein meinen, dann sagen Sie es auch: »Nein, das mache ich nicht, und ich sage Ihnen auch warum …« Wenn Sie sich jedoch zu einer positiven Antwort entschlossen haben, dann zögern Sie nicht oder bringen Vorbehalte an, sondern formulieren Sie kompromisslos: »Ja, das mache ich gern für Sie.«

Formulieren Sie vorsichtig. Wer seine Gedanken und Vorschläge bedacht formuliert, hat die Möglichkeit auszuloten, was sein Gesprächspartner denkt und ob es sich »lohnt«, den Gedanken weiterzuverfolgen. Also: Formulieren Sie Anregungen und Ideen eher zurückhaltend. Nutzen Sie Formulierungen wie »Denkbar wäre«, »Vielleicht könnte«, »Mir fällt dazu ein« oder »Eine Möglichkeit wäre«. Beachten Sie bitte: Dies steht nicht im Widerspruch zu dem oben Gesagten. Als Vorgesetzter formulieren Sie Anweisungen höflich, klar und direkt, als Mitarbeiter bringen Sie Vorschläge unaufdringlich vor. Unter Gleichrangigen sollten Sie jedoch deutliche Worte finden (siehe weiter unten den Abschnitt *Behaupten Sie sich in Diskussionen*).

Formulieren Sie produktiv. Sagen Sie, was geht, und nicht, was nicht geht. Anstatt zu antworten: »Das kann ich heute nicht machen«, sollten Sie also lieber sagen: »Ich beginne ab morgen damit.« Ein anderes Beispiel: Sagen Sie nicht: »Sie können jetzt keine 14 Tage Urlaub haben«, sondern: »Sieben Tage Urlaub kann ich Ihnen problemlos genehmigen, aber ...«

Machen Sie »Ich-Aussagen«

Wenn Sie ein Problem haben, müssen Sie dafür sorgen, dass Sie verstanden werden. Das gelingt Ihnen am besten, wenn Sie Ich-Aussagen machen. Diese signalisieren dem Empfänger Ihr Problem, ohne ihn zu beschuldigen, zu verurteilen oder zu verletzen. Ich-Aussagen sind immer gleich aufgebaut: Sie sprechen Ihre eigenen Gefühle aus, benennen das Problem genau und begründen, warum Sie das Verhalten Ihres Gesprächspartners stört. Dazu ein Beispiel: »Ich fühle mich gekränkt, wenn Sie mich kritisieren anstatt meine Arbeit.« ◀

Formulieren Sie positiv. Nennen Sie nie das, was Sie eigentlich vermeiden wollen. Denn das Unbewusste kennt keine Verneinung. Wenn Sie beispielsweise den Satz hören »Denken Sie nicht an einen grünen Affen«, so haben Sie ziemlich sicher in diesem Moment an genau das gedacht. Formulieren Sie deshalb stets positiv – anstatt zu sagen: »Vergessen Sie bitte nicht, das bis morgen zu erledigen«, sollten Sie sich so ausdrücken: »Denken Sie bitte daran, das bis morgen zu erledigen.«

Behaupten Sie sich in Diskussionen. Diskussionen gehören unweigerlich zum Berufsleben dazu. Auch hier gibt es einige Tipps und Regeln, die Ihnen dabei helfen, sich zu behaupten und Ihren Standpunkt zu verteidigen oder durchzusetzen.

- Machen Sie sich nicht klein, und werten Sie nicht ab, was Sie sagen. Verzichten Sie also auf Formulierungen wie »Ich bin da zwar unerfahren ...« oder »Ich weiß nicht, ob das jetzt passt …« oder »Das ist nur so eine Idee …«. Wenn Sie Ihre Aussage so beginnen, dann öffnen Sie jeder Kritik sofort das Hoftor und untergraben Ihre Autorität.

- Vermeiden Sie den Konjunktiv, und sprechen Sie direkt. Sagen Sie also nicht: »Ich würde sagen, es geht dabei …«, sondern: »Dabei geht es …« Wer klar formuliert und auf den »Weichmacher« Konjunktiv verzichtet, der wird verstanden und verschafft sich zudem Respekt.
- Vermeiden Sie es, sich die Rede zu gestatten. Verzichten Sie auf Einleitungsformulierungen wie »Wenn ich auch einmal etwas dazu sagen dürfte« oder »Erlauben Sie mir, dass ich mich dazu äußere«. Dies wirkt veraltet und devot.
- Stellen Sie keine Fragen, sondern machen Sie Aussagen. Es wirkt unsicher, wenn Sie Ihre Ideen in Frageform äußern. Eine Einleitung wie »Ich bin der Meinung, dass …« klingt deutlich selbstbewusster als »Sollten wir nicht besser …«.
- Halten Sie Blickkontakt zu den anderen Diskussionsteilnehmern.

Wehren Sie Angriffe geschickt ab

Wenn sich aus Ihrem Vortrag oder Redebeitrag ein Streitgespräch entwickelt oder wenn Sie mit einem Vorwurf konfrontiert werden, sollten Sie daran denken: Je »hitziger« die Atmosphäre wird, desto ruhiger sollten Sie werden und desto leiser sollten Sie sprechen. Und: Je unangenehmer eine Frage ist, desto kürzer und freundlicher sollten Sie antworten. Um einen (unsachlichen) Angriff abzuwehren, stehen Ihnen darüber hinaus verschiedene Möglichkeiten zur Verfügung.

Wie führe ich Small-Talk?

Im Berufsleben gerät man immer wieder in Situationen, in denen Small-Talk gefragt ist, also Alltagsgespräche über unbedeutende oder aktuelle Themen. Small-Talk dient dem Kennenlernen, lockert die Atmosphäre auf oder überbrückt peinliches Schweigen. Typische Small-Talk-Situationen sind etwa Abendveranstaltungen mit Kunden, externe Seminare, Kaffeepausen bei Konferenzen oder auch der Klassiker: Sie treffen Ihren Chef im Aufzug. In diesem Kapitel finden Sie ein paar Tipps, wie Sie in solchen Situationen souverän Small-Talk führen und was Sie besser vermeiden sollten.

Beachten Sie die »Dos« beim Small-Talk.

- Suchen Sie allgemeine, harmlose Themen (Wetter, Fernsehen, Sport, Anreise, Urlaub, Essen und Trinken, Garten, Lokales, Kultur).
- Fassen Sie sich beim ersten Gesprächsbeitrag kurz, und spielen Sie den Ball gleich weiter.
- Wechseln Sie assoziativ von einem Thema zum anderen (»Apropos Sonne – ich habe neulich gelesen, dass 50 Sonnenbäder pro Jahr …«). Aber machen Sie das nicht zu häufig, sondern betreiben Sie ein maßvolles »Themenhopping«.
- Stellen Sie offene Fragen (siehe das Kapitel *Wie führe ich konstruktive Gespräche?*).
- Geben Sie persönliche Informationen preis, allerdings nicht zu vertrauliche.
- Besonders für Schüchterne zu empfehlen: Lernen Sie einige Erlebnisse, Geschichten oder Anekdoten auswendig (»Im letzten Sommerurlaub ist mir Folgendes passiert …«). Wenn Sie über ein kleines Repertoire an Erzählenswertem verfügen, dann können Sie jede Small-Talk-Situation sicher meistern.

- Beziehen Sie Dritte in das Gespräch ein (»Waren Sie auch schon mal auf Korsika?«).
- Wenn es Ihnen absolut schwerfällt, sich am Small-Talk zu beteiligen, dann lächeln Sie wenigstens – aber bitte nicht allzu gekünstelt.
- Wenn Sie sich aus einer Gruppe lösen wollen, dann tun Sie dies nicht wortlos, sondern verabschieden Sie sich, allerdings nicht mit einem plumpen »Ich muss mal auf die Toilette«, sondern vielleicht, indem Sie sagen: »Entschuldigen Sie mich, ich habe gerade Herrn Mayer entdeckt – ich muss noch etwas mit ihm bereden.«

Beachten Sie die »Don'ts« beim Small-Talk.

- Vermeiden Sie einen zu engen Körperkontakt. Menschen fühlen sich in der Regel unwohl oder bedroht, wenn ihnen Fremde zu nah kommen. Auch wenn es die Situation oder die Räumlichkeiten oft schwermachen, versuchen Sie, etwas Abstand zu wahren.
- Ziel des Small-Talks ist es, eine wohltuende und positive Atmosphäre zu schaffen. Vermeiden Sie daher alles, was eventuell zu Kontroversen oder gar ernsten Diskussionen führen könnte.
- Sprechen Sie nicht über Abwesende.
- Sprechen Sie keine heiklen Themen an (Politik, Religion, Geld, Krankheit, Familie).
- Geben Sie nicht an (»Mein Haus, mein Auto, mein Boot«).
- Jammern Sie nicht (»Ich weiß gar nicht, wo mir der Kopf steht«).
- Vermeiden Sie es, nur Fragen zu stellen und nicht selbst zu erzählen. Sonst könnte man denken, es handele sich um ein Verhör …

- Sprechen Sie nicht länger als zwei Minuten selbst. In diesem Zusammenhang ist gut zu wissen: Wenn Ihr Gegenüber viel gesprochen hat, wird er das Gespräch als angenehm empfunden haben.
- Lästern Sie bei Einladungen nicht über das Ambiente oder das Essen.
- Ignorieren Sie nicht die Äußerungen von anderen, und gehen Sie auf das Gesagte ein.
- Verweilen Sie bei geschäftlichen Anlässen nicht zu lange beim Small-Talk (mindestens 5, höchstens 15 Minuten).

Wie löse ich Konflikte?

Im Berufsleben sind Konflikte an der Tagesordnung. Wenn man es positiv sehen will, dann sind Auseinandersetzungen ein Zeichen einer lebendigen Gesprächskultur und oftmals Anlass für Veränderungen. Allerdings: Konflikte werden häufig gar nicht oder unsachlich gelöst und führen deshalb zu dauerhaftem Streit der Beteiligten, manchmal können sie sogar die Atmosphäre innerhalb einer ganzen Abteilung »vergiften«. Um solche negativen Folgen zu vermeiden, sollten Sie die folgenden Hinweise berücksichtigen.

Gehen Sie Konflikten nicht aus dem Weg. Packen Sie »heiße Eisen« oder heikle Themen frühzeitig an, und machen Sie keinen Bogen um Probleme. Denn ungelöste, schwelende Konflikte verhindern eine konstruktive Zusammenarbeit der Betroffenen, belasten die Effizienz der Abteilung und lenken unnötig von den wichtigen Aufgaben ab. Hinzu kommt, dass Konflikte die Tendenz haben, im Zeitablauf an Schärfe und Ausmaß zuzulegen. Sie kennen das wahrscheinlich: Am Anfang hat man sich nur über eine Kleinigkeit gestritten, dann ist die Diskussion eskaliert. Und am Ende weiß man gar nicht mehr, was der eigentliche Auslöser war.

Vielen Menschen fällt es jedoch schwer, Konflikte offensiv anzugehen. Man hofft, dass sich der Streit irgendwie von allein erledigt. In der Tat ist es so, dass es manchmal besser sein kann, eine Sache auf sich beruhen zu lassen, bis der Ärger verraucht ist. Wesentlich häufiger ist diese »Vogel-Strauß-Strategie« aber falsch, wenn nicht gar fatal. Denn ein ungeklärter Konflikt besteht untergründig weiter fort und kann bei nächster Gelegenheit erneut und vielleicht sogar verstärkt ausbrechen.

Informieren Sie sich über generelle Konfliktursachen. Das Wissen um generelle Konfliktursachen ist eine wichtige Voraussetzung dafür, individuelle Konflikte lösen zu können. Denn nur wer die eigentlichen Quellen eines Konflikts identifiziert, kann den Streit dauerhaft lösen. Konflikte haben in der Regel eine der beiden folgenden Ursachen: Man hat sich einfach nicht verstanden, oder man hat andere Interessen. Etwas konkreter heißt das, dass sich daraus folgende mögliche Konfliktursachen ergeben:

- Die Betroffenen haben einen Sachverhalt oder eine Situation anders wahrgenommen – sie haben nicht alles gleichermaßen gesehen oder gehört.
- Die Betroffenen beurteilen einen Sachverhalt oder eine Situation anders, weil sie sich hinsichtlich ihres Wissens, ihrer Erfahrungen, ihrer Erwartungen, ihrer Laune oder ihres Charakters unterscheiden.
- Die Betroffenen benötigen etwas (meistens Zeit oder Geld), das nur begrenzt zur Verfügung steht. Es muss also eine Entscheidung getroffen werden, die den einen begünstigt und den anderen benachteiligt.
- Die Betroffenen haben unterschiedliche Bedürfnisse, Wünsche und Ziele, die nicht miteinander vereinbar sind.

- Die Betroffenen mögen einander aus persönlichen Gründen nicht, sei es wegen vorheriger Konflikte oder wegen bestimmter Verhaltensweisen und Charakterzüge des anderen.

Erkennen Sie Konfliktsignale. Viele Auseinandersetzungen sind nicht sofort deutlich zu erkennen. Daher sollten Sie stets auf erste Anzeichen von Konflikten achten, um so frühzeitig reagieren zu können. Hier einige Merkmale, die auf Konflikte hindeuten können (wohlgemerkt: nicht müssen):

- Der Umgangston der Betroffenen ist sehr förmlich.
- Die Gespräche der Betroffenen konzentrieren sich auf harte Fakten.
- Die Betroffenen schauen sich nicht direkt in die Augen und vermeiden jeglichen Körperkontakt.
- Die Betroffenen sprechen nicht über private Angelegenheiten.
- Die Betroffenen geben Informationen oft zu spät oder gar nicht weiter.
- Die Betroffenen ziehen sich aus gemeinsamen Projekten zurück oder erscheinen nicht zu gemeinsamen Besprechungen.
- Die Betroffenen machen abfällige Bemerkungen über einander.
- Die Betroffenen bringen Gerüchte über einander in Umlauf.

Lernen Sie, mit Konflikten besser umzugehen. Bevor es gleich ausführlich darum geht, wie man in zehn Schritten Konflikte löst, finden Sie hier vorab eine kurze Checkliste, die Ihnen dabei hilft, Konflikte zu vermeiden beziehungsweise professioneller damit umzugehen:

- Fragen Sie sich: Sind Sie häufig in Konflikte verwickelt? Wenn ja: Welches sind Ihre spezifischen Konfliktauslöser? Worüber ärgern Sie sich?
- Wie können Sie Ihr Konfliktverhalten beschreiben?
- Was könnte Ihnen helfen, gelassener mit Konflikten umzugehen?
- Machen Sie sich bewusst, dass anderen oft nicht klar ist, was Sie an ihm oder ihr stört oder nervt.
- Betrachten Sie Konflikte als Chance, eine Situation zu bereinigen und dazuzulernen.
- Geben Sie Ihrem Gegenüber Feedback, und sagen Sie ihm oder ihr zunächst, wie Sie eine bestimmte Situation empfunden haben. Sagen Sie auch, warum Sie etwas wütend macht oder ärgert. Sprechen Sie dabei Ihre Gefühle an, und verwenden Sie Ich-Botschaften.
- Lassen Sie sich auf Ihren »Kontrahenten« ein, und versuchen Sie, sie oder ihn zu verstehen. Hören Sie sich ihre oder seine Argumente an, und fragen Sie nach den Motiven. Unterbrechen Sie ihn oder sie nicht, sondern machen Sie sich Notizen.
- Nehmen Sie Gefühlsausbrüche Ihres Gegenübers nicht persönlich, sondern sehen Sie es als reinigendes Gewitter.
- Wenn Sie es können: Ignorieren Sie persönliche Angriffe.
- Provozieren und kränken Sie Ihr Gegenüber nicht, lachen Sie nicht über sie oder ihn.
- Vermeiden Sie, dass Ihr Kontrahent bloßgestellt wird und sein Gesicht verliert.
- Wenn Sie gar nicht weiterkommen: Legen Sie eine zehnminütige Pause ein, oder vertagen Sie das Gespräch.

In zehn Schritten einen Konflikt lösen

Wenn Sie in einen Konflikt verwickelt sind, empfiehlt sich folgende Vorgehensweise. Diese können Sie sinngemäß natürlich auch dann anwenden, wenn Sie als Vermittler oder Mediator einen Streit zwischen Kollegen oder Mitarbeitern schlichten wollen beziehungsweise müssen.

Schritt 1: Klären Sie, ob Sie zur Streitlösung bereit sind oder ob Sie der geeignete Schlichter sind

Bevor Sie überhaupt einen Konflikt lösen, sollten Sie sich selbst fragen: »Bin ich bereit, diesen Streit zu beenden und dafür eventuell auch Zugeständnisse zu machen?« Wenn für Sie nämlich im Vorhinein feststeht, dass nur der andere Schuld hat und Ihr Verhalten tadellos ist, dann hat es keinen Sinn, eine Schlichtung in Angriff zu nehmen – eine gewisse Kompromiss- oder Veränderungsbereitschaft muss bei Ihnen vorhanden sein. Wenn es um einen Konflikt geht, an dem Sie nicht beteiligt sind, sondern als Dritter (neutraler Schlichter) auftreten, dann fragen Sie sich: »Bin ich die richtige Person, um diesen Streit zu lösen?« Persönliche, hierarchische, autoritäre oder andere Gründe können dafür sprechen, dass Sie die Schlichtung besser einem anderen überlassen. Darüber hinaus kann es – je nach Schwere des Konflikts – von Vorteil sein, wenn Sie mit Ihrem Vorgesetzten darüber sprechen, ob Sie den Streit als Moderator lösen sollen. Ist dies der Fall, dann klären Sie auch, ob die zuständige Führungskraft bereit ist, sich in die Schlichtung einzubringen und was sie sich erwartet.

Schritt 2: Analysieren Sie die Vorgeschichte

Überlegen Sie zunächst, wie es überhaupt zum Streit kommen konnte. Versuchen Sie, sich in Erinnerung zu rufen, was sachlich alles in der Vergangenheit vorgefallen ist. Als neutraler Schlichter sollten Sie in Erfahrung bringen, wie es zu dem Konflikt gekommen ist, wer daran beteiligt ist und was konkret vorgefallen ist. Befragen Sie dazu jedoch (noch) nicht die unmittelbar Betroffenen, sondern erst das Umfeld. Interpretieren Sie die erhaltenen Informationen noch nicht, sondern bedenken Sie, dass die Angaben bewusst oder unbewusst falsch sein können – nehmen Sie also nicht alles gleich für bare Münze.

Schritt 3: Nehmen Sie Kontakt zu Ihrem »Kontrahenten« beziehungsweise zu den Betroffenen auf

Gehen Sie einzeln auf die Personen zu, die am Konflikt beteiligt sind, und sagen Sie ihnen, dass Sie das Problem beziehungsweise den Streit gern lösen möchten oder müssen (im Auftrag des Vorgesetzten). Fragen Sie als Vermittler die Betroffenen, was sie sich von einem Konfliktgespräch erwarten und gegebenenfalls welche Befürchtungen sie haben.

Schritt 4: Terminieren Sie das Konfliktgespräch

Vereinbaren Sie einen Termin mit Ihrem Kontrahenten beziehungsweise den Betroffenen. Gut geeignet sind Termine am späten Nachmittag, weil Sie dann keinen Druck »nach hinten raus« haben und weil die Betroffenen danach unmittelbar nach Hause gehen können.

Wählen Sie einen neutralen Ort für das Konfliktgespräch, also nicht Ihr Büro oder das des Kontrahenten beziehungsweise eines der Betroffenen. Sorgen Sie dafür, dass Sie ungestört sind, keine Zuhörer haben und dass keine Vorgesetzten anwesend sind.

Schritt 5: Eröffnen Sie das Konfliktgespräch

Beginnen Sie das Gespräch, indem Sie zunächst die Vorgehensweise vorstellen. Nachdem Sie Ihren Kontrahenten oder die Betroffenen begrüßt haben, erläutern Sie den weiteren Ablauf, der aus folgenden Punkten bestehen sollte (sie entsprechen den nächsten Schritten 6 bis 10):

- Erläutern von Gesprächsziel und -regeln,
- Darstellen der Standpunkte der Betroffenen,

- Erarbeiten der Gemeinsamkeiten und Differenzen,
- Erarbeiten von Lösungen,
- Entscheidung für eine Lösung.

Schritt 6: Erläutern Sie das Gesprächsziel und die Regeln

Sprechen Sie mit Ihrem Kontrahenten beziehungsweise den Betroffenen über das Ziel des Gesprächs, und gehen Sie Punkt für Punkt die Regeln durch:

- Sagen Sie, dass es nicht darum geht, die Schuldfrage zu klären oder Recht zu sprechen, sondern dass es das Ziel ist, gemeinsam das Problem zu lösen.
- Sagen Sie, dass Sie/die Betroffenen nicht als Gegner auftreten, sondern als gleichberechtigte Gesprächsteilnehmer.
- Wenn Sie als neutraler Schlichter oder Mediator tätig sind: Sagen Sie, worin Sie Ihre Aufgaben sehen:
  - Sie werden unterschiedliche Sichtweisen und Standpunkte der Betroffenen herausarbeiten.
  - Sie werden versuchen, die Betroffenen dazu zu bringen, die Standpunkte, Bedürfnisse und Motive der Gegenseite zu verstehen.
  - Sie werden Übereinstimmungen und Differenzen benennen.
  - Sie werden den Parteien helfen, Lösungen selbst zu erarbeiten; notfalls werden Sie eigene Idee beisteuern, um den Lösungsfindungsprozess zu beschleunigen.
  - Bei all dem werden Sie sich strikt neutral verhalten und die Interessen aller Parteien gleichermaßen vertreten. Alle Informationen werden Sie selbstverständlich vertraulich behandeln.
- Nennen Sie die Gesprächsregeln:
  - Es wird nur sachliche Kritik vorgetragen.
  - Es dürfen keine Vorwürfe gemacht werden.
  - Die Gesprächspartner lassen einander ausreden.

- Vergewissern Sie sich zum Schluss der Gesprächseröffnung, dass alle Teilnehmer bereit sind, an einer Konfliktlösung mitzuarbeiten. Ist dies nicht der Fall, dann können Sie das Gespräch gleich beenden.

Schritt 7: Lassen Sie die Betroffenen ihren Standpunkt darstellen

Nun beginnt die eigentliche Konfliktlösung. Lassen Sie dabei Ihrem Kontrahenten den Vortritt. Jeder der Konfliktpartner schildert nun nacheinander den Konflikt aus seiner Sicht, und zwar so konkret und spezifisch wie möglich. Fassen Sie nach, wenn es beispielsweise heißt: »Immer machen Sie dies und das«, indem Sie nachfragen: »Wann genau war dies zuletzt der Fall?« Versuchen Sie außerdem, die Teilnehmer dazu zu bringen, Ihre Gefühle zu schildern.

Ganz wichtig in dieser Phase: Alle anderen Gesprächsteilnehmer sind still, es gibt keine Anschuldigungen, keine Diskussionen, kein Unterbrechen und keine sofortige Suche nach Lösungen. Als Moderator sollten Sie sofort und unmissverständlich einschreiten, wenn diese Regeln verletzt werden. Ebenso sollten Sie sich zu Wort melden, wenn Bewertungen oder Interpretationen ins Spiel kommen. Sobald also ein Gesprächspartner sagt: »XY macht das nur, weil …«, müssen Sie darauf hinweisen, dass es nicht um psychologische Analysen geht, sondern um die rein faktenorientierte Darstellung des Sachverhalts sowie eine Schilderung der eigenen Gefühle.

Ermuntern Sie »stumme« Gesprächspartner mit folgenden Fragen und Aufforderungen:

- »Bitte versuchen Sie sachlich zu beschreiben, wie es zu dem Konflikt kam!«
- »Was haben Sie beobachtet? Was hat der andere getan, das Sie stört? Was hat der andere unterlassen, das Sie sich gewünscht oder erwartet hätten?«
- »Welche Gefühle verursacht der Konflikt bei Ihnen?«

- »Wie, glauben Sie, fühlt sich Ihr Konfliktpartner?«
- »Wie empfinden Sie die Beziehung zum Konfliktpartner?«
- »Was wünschen Sie sich vom anderen?«

Schritt 8: Erarbeiten Sie Gemeinsamkeiten und Differenzen

Nachdem jeder Betroffene seinen Standpunkt dargelegt hat, sollten Sie nun Übereinstimmungen der Positionen herausarbeiten. Versuchen Sie zunächst, die Betroffenen selbst dazu zu bringen, Antworten zu geben. Fragen Sie: »Worin sind wir uns einig?« Wenn die Konfliktpartner dazu schweigen, dann können Sie feststellen, wo Sie Gemeinsamkeiten entdeckt haben. Dies ist sehr wichtig, denn so sehen die Beteiligten, dass sie nicht völlig auseinander liegen.

Wenden Sie sich dann den Unterschieden zu. Fragen Sie: »Worin sind wir uns uneinig? Welches sind die eigentlichen Knackpunkte?« Halten Sie die Ergebnisse schriftlich fest, denn diese sind die Grundlage für den nächsten Schritt.

Schritt 9: Erarbeiten Sie Lösungen

In diesem Stadium der Konfliktlösung arbeiten Sie die einzelnen Differenzen der Reihe nach ab. Entscheidend für den Erfolg ist, dass die jeweiligen Punkte getrennt behandelt und nicht miteinander vermischt werden. Gehen Sie dabei stets nach dem gleichen Muster vor:

- Welche Lösungen fallen den Konfliktpartnern ein, um diese Uneinigkeit zu beseitigen?
- Welche der Lösungen sind realisierbar?
- Welche dieser Lösungen werden von Ihnen oder Ihrem Kontrahenten beziehungsweise den Konfliktpartnern akzeptiert?

Achten Sie darauf, dass mehr als ein Lösungsvorschlag erarbeitet wird, damit Sie eine echte Auswahl haben und gegebenenfalls einen Kompromiss schließen können. Versuchen Sie, Bewegung in die Positionen zu bringen, beispielsweise indem Sie Für und Wider zu einzelnen Alternativen nennen (lassen) oder ein Brainstorming durchführen. Wichtig dabei ist: Lassen Sie alle Vorschläge zu – schließlich können auch anfangs absurd erscheinende Ideen der Schlüssel zum Erfolg sein. Achten Sie besonders auf beiläufig geäußerte Angebote an die Gegenseite, denn diese sind erfahrungsgemäß oft ausschlaggebend für eine gütliche Einigung.

Falls Sie bei der Lösungsfindung nicht vom Fleck kommen, können die folgenden Fragen helfen, Bewegung in verfahrene Gespräche zu bringen:

- »Wie würden Sie dieses Problem / diese Lösung auf einer Skala von 1 bis 10 einordnen?«
- »Wenn sich die Situation verbessern würde, woran würden Sie das erkennen?«
- »Was müsste passieren, dass sich die Situation um einen Punkt verbessert?«
- »Wo, glauben Sie, gibt es ähnliche Probleme, sei es in unserem Unternehmen oder in anderen Lebensbereichen?«
- »Wenn Sie Ihren Konfliktpartner fragen würden, warum es zu dem Konflikt gekommen ist, was glauben Sie, würde er antworten?«
- »Was glauben Sie, würde Ihr Konfliktpartner zu Ihrer Antwort sagen?«
- »Wie erklären Sie sich, dass …?«
- »Teilen Sie die Ansicht, dass …?«
- »Was wäre das erste Anzeichen dafür, dass es Ihnen besser geht?«
- »An welchen Tagen oder Stunden fühlen Sie sich stressfrei?«
- »Was ist in diesen Situationen anders?«
- »Was machen Sie oder der Konfliktpartner in diesen Situationen anders?«

- »Was meinen Sie ist in diesen Situationen hilfreich für Sie?«
- »War ... schon immer so?«
- »Wie lange, glauben Sie, wird das noch so bleiben?«
- »Wie verhält sich Ihr Konfliktpartner im Umgang mit anderen Kollegen und Mitarbeitern?«

Idealerweise liegt zum Ende dieser Phase eine Liste mit Lösungsalternativen vor.

Schritt 10: Entscheiden Sie sich für eine Lösung

Abschließend geht es darum, dass Sie und Ihr Kontrahent beziehungsweise dass sich die Konfliktpartner auf eine Lösung verständigen. Um sicherzustellen, dass die Lösung auch dauerhaft ist, müssen Sie mit den Betroffenen außerdem noch Kriterien festlegen, mithilfe derer sie messen können, ob die Vereinbarung erfüllt und eingehalten wird.

Bevor Sie sich von Ihrem Kontrahenten oder Ihren Gesprächsteilnehmern verabschieden, sollten Sie nochmals alle Ergebnisse (Lösungen und Kriterien) wiederholen und sich bei den Konfliktpartnern versichern, dass alle das Gleiche verstanden haben. Stellen Sie zum Abschluss die Frage: »Können Sie nach diesem Gespräch zukünftig (wieder) konstruktiv mit mir/miteinander arbeiten?«

Was soll man tun, wenn dies nicht der Fall ist oder wenn sich partout kein Kompromiss hat finden lassen? Wenn keine Verständigung gelungen ist, so bleibt Ihnen nur festzustellen, dass das Gespräch ergebnislos war. Schlagen Sie vor, es zu einem späteren Zeitpunkt – mit dann hoffentlich mehr Einigungswillen – erneut zu versuchen. Machen Sie sich aber auch bewusst: Es ist sinnlos, eine kooperative Konfliktklärung zu suchen, wenn die Konfliktpartner kein ernsthaftes Interesse daran haben, den Streit lösen zu wollen. Dann ist es besser, offen zu sagen, dass der Konflikt fortbesteht und dies von den Betroffenen offensichtlich auch so akzeptiert wird. ◂

Wie führe ich Verhandlungen?

In diesem Kapitel soll es nicht nur um klassische Verkaufsverhandlungen gehen, sondern generell um Gespräche, bei denen Sie versuchen, Ihren Standpunkt, Ihre Idee oder Ihren Lösungsvorschlag bei jemand anderem durchzusetzen. Der Unterschied zwischen einer Besprechung (siehe das Kapitel *Wie organisiere ich eine Besprechung?*) und einer Verhandlung liegt vor allem darin, dass Besprechungen eher einen informativ-kreativ-abstimmenden Charakter haben und ein spezifisches Problem lösen sollen, während bei Verhandlungen in erster Linie Einigung bei einem bestimmten Sachverhalt erzielt werden soll. Oder, um es subjektiver auszudrücken: Es geht nicht um die Wahrheit, sondern um Ihren Erfolg.

Im Folgenden erfahren Sie, wie Sie in einer Verhandlung vorgehen sollten. Bewusst habe ich darauf verzichtet, »Tricks« oder unlautere Verhandlungsmethoden – und davon gibt es einige – darzustellen, auch wenn dies dem einen oder anderen als naiv erscheinen mag. Ich denke jedoch: Wer sachlich und fair verhandelt, hat langfristig mehr davon als derjenige, der seinen Vorteil durch Finten und hinterlistige Manöver zu erreichen sucht.

▸ In sechs Schritten eine Verhandlung führen

Schritt 1: Bereiten Sie die Verhandlung gut vor

Machen Sie es sich zum Grundsatz, keine Verhandlung zu führen, ohne zuvor folgende Punkte bedacht zu haben. Die wichtigste Voraussetzung für eine erfolgreiche Verhandlung ist: Klären Sie, was Sie erreichen wollen. Worin besteht Ihr Ziel?

Überlegen Sie sich, was Ihre »Verhandlungsmasse« ist. Wo könnten Sie Zugeständnisse machen, wenn Sie sich nicht einigen können? Machen Sie sich bewusst, dass es bei Verhandlungen keinen Verlierer geben sollte. Gehen Sie also nicht in Verhandlungen, wenn Ihnen im Vorhinein klar ist, dass

Sie nicht bereit sein werden, zumindest ein wenig von Ihrer Position abzuweichen.

Bringen Sie in Erfahrung, welche Personen auf der »Gegenseite« teilnehmen werden. Welche Erwartungen und Ziele haben Ihre Gesprächspartner? Welche Motive treiben sie an? Auf welche Minimalforderungen werden sie wohl nicht verzichten können, was wird also ihre unterste Verhandlungsgrenze sein?

Legen Sie eine Tagesordnung fest. Erstellen Sie eine Liste mit Gesprächspunkten, und überlegen Sie, wie Sie diese strategisch geschickt anordnen. Wo werden Ihre Gesprächspartner eher zustimmen können? Solche Punkte sollten an den Anfang.

Legen Sie Ort und Zeitpunkt taktisch günstig fest. Wann immer Sie die Möglichkeit haben, sollten Sie Verhandlungen auf »heimischem Territorium« führen. Planen Sie Pufferzeiten ein, falls sich die Verhandlung länger hinzieht, als Sie planen. Je später im Tagesablauf der Verhandlungsbeginn ist, desto eher wollen die Teilnehmer nach Hause – und desto eher werden Sie sich womöglich einig.

Bringen Sie unterstützende Gesprächspartner zur Verhandlung mit. Welche Kollegen oder Vorgesetzten könnten Ihnen helfen, Ihr Anliegen durchzusetzen? Wer hat bei der Gegenseite ein hohes Ansehen? Wer besitzt ausreichend fachlich-inhaltliche Kompetenz, um Ihnen zur Seite zu stehen? Generell gilt: Ihre Verhandlungsseite sollte mindestens so viele Teilnehmer haben wie die Gegenseite.

Ermitteln Sie, welche Einwände auf Sie zukommen könnten, und legen Sie sich Antworten beziehungsweise Gegenargumente zurecht.

Schritt 2: Begrüßen Sie Ihre Verhandlungspartner, und sorgen Sie für eine angenehme Gesprächsatmosphäre

Üblicherweise beginnen Verhandlungen nicht sofort mit dem eigentlichen Thema – davor steht der Small-Talk (siehe das Kapitel *Wie führe ich Small-Talk?*). Versuchen Sie durch einige persönliche Worte (sogenannte »Eisbrecher«), eine positive Beziehung zu Ihren Gesprächspartnern herzustellen; verweilen Sie allerdings nicht zu lange im Plauderton.

Schritt 3: Benennen Sie das Gesprächsthema

Bevor die eigentliche Verhandlung beginnt, sollten Sie die Rahmendaten nennen. Erläutern Sie kurz die geplante Tagesordnung, formulieren Sie das Ziel der Verhandlung (zum Beispiel »Einigkeit über die geplante Vertriebskooperation in Südamerika erzielen«), und sagen Sie, wie viel Zeit Sie für das Gespräch vorgesehen haben.

Schritt 4: Beginnen Sie mit der Unterredung

Nun fängt die eigentliche Verhandlung an. Um zügig voranzukommen und konkrete Ergebnisse zu erzielen, sollten Sie folgende Hinweise beachten:

- Das A und O bei Verhandlungen ist die Fähigkeit, zuhören zu können. Wie an anderer Stelle bereits gesagt: Sie erfahren häufig mehr, wenn Sie schweigen.
- Schenken Sie Ihrem nonverbalen Verhalten – also Ihrer Körpersprache – viel Aufmerksamkeit.
- Halten Sie sich an die Tagesordnung, und vermischen Sie keine Themen.
- Ziehen Sie nach jedem Tagesordnungspunkt ein Zwischenfazit. Halten Sie dieses schriftlich fest.
- Stellen Sie den Nutzen in den Mittelpunkt Ihrer Argumentation. Zeigen Sie auf, wie Ihr Vorschlag dazu beiträgt, den Nutzen für die Gegenseite zu erhöhen (zum Beispiel: »Wenn Sie unsere Idee umsetzen, können Sie Ihr Vertriebspersonal besser auslasten, können also Ihre Produktivität erhöhen«).
- Belegen Sie Ihre Aussagen stets mit Fakten (zum Beispiel: »Wir haben das mal durchgerechnet. Wenn wir beim Vertrieb in Südamerika kooperieren, dann würde Ihre Mitarbeiterproduktivität um 15 Prozent steigen«).
- Bleiben Sie im Rahmen. Sie befinden sich nicht auf einem arabi-

schen Basar. Vermeiden Sie daher die Strategie, erstmal deutlich mehr zu fordern, um dann nachgeben zu können. Das wirkt nicht nur unseriös, sondern diskreditiert Sie auch. In künftigen Verhandlungen wird man Sie nicht mehr ernst nehmen beziehungsweise stets davon ausgehen, dass Sie zu deutlichen Abschlägen oder Kompromissen bereit sind.

- Machen Sie andere Vorschläge, die Gegenseite oder Wettbewerber nicht schlecht. Natürlich können und müssen Sie die Argumente nennen, die sachlich und fachlich für Ihre Idee sprechen, unterlassen Sie aber alles Abfällige oder Abwertende.
- Bauen Sie keinen Druck auf, denn so erzielen Sie keine tragfähigen Kompromisse. Verzichten Sie daher auf Äußerungen, die Ihren Gesprächspartner nur die Wahl lassen, Ihr Angebot anzunehmen oder es abzulehnen. Denken Sie daran: Sie sind kein Erpresser, sondern Verhandlungspartner. Nicht nur in Asien, sondern auch bei uns gilt der Grundsatz: Keiner der Beteiligten darf sein Gesicht verlieren.

Schritt 5: Fassen Sie einen Beschluss

Wenn Sie sich geeinigt haben, sollten Sie ein Fazit ziehen. Wiederholen Sie alle wichtigen Punkte, die Sie miteinander vereinbart haben, um eventuell noch vorhandene Missverständnisse auszuräumen. Klären Sie die nächsten konkreten Schritte, und legen Sie Verantwortliche und Termine fest.

Schritt 6: Bereiten Sie die Verhandlung nach

Informieren Sie alle betroffenen Kollegen und Mitarbeiter in Ihrem Unternehmen über die Ergebnisse. Setzen Sie getroffene Vereinbarungen baldmöglichst um, und analysieren Sie, wie die Verhandlung aus Ihrer Sicht gelaufen ist. Konnten Sie Ihre Ziele erreichen? Waren Sie ein fairer Verhandlungspartner? Wo haben Sie Fehler gemacht? Was könnten Sie beim nächsten Mal besser machen? ◀

Wenn es keine Einigung gibt

Was können Sie tun, wenn partout kein Kompromiss erzielt werden kann? Versuchen Sie, wenigstens Teilergebnisse zu erzielen. Wenn schon nicht der »große« Kompromiss erreicht werden konnte, so sollten Sie zumindest anstreben, bei Detailfragen oder untergeordneten Themen einen Konsens zu erlangen.

Sollte die Situation verfahren sein und sollten Sie keine Lösung erzielen können, beide Gesprächspartner aber immer noch an einer einvernehmlichen Lösung interessiert sein, so vertagen Sie sich – nehmen Sie einen neuen Anlauf, und machen Sie sich in der Zwischenzeit Gedanken darüber, wie Sie den Patt auflösen können. ◂

Wie führe ich Telefonate?

So segensreich die Erfindung des Telefons in vielerlei Hinsicht gewesen sein mag und ist, so sehr ist es auch zum Störfaktor geworden. Benutzen Sie das Telefon daher nur dann, wenn es keine andere Möglichkeit gibt, Ihr Anliegen zu klären. Telefonieren gehört dennoch in fast allen Berufen zum Alltag dazu. Häufig wird dabei allerdings unterschätzt, wie entscheidend der Eindruck ist, den man mit einem Telefonat beim Gesprächspartner hinterlässt. Daher sollten Sie einige Empfehlungen in Bezug auf das Telefonieren beachten.

Beachten Sie die generellen Telefonregeln. Unabhängig davon, ob Sie selbst jemanden anrufen oder angerufen werden, gelten immer folgende Regeln oder Empfehlungen.

Melden Sie sich vollständig, und zwar in folgender Reihenfolge: Firma, Abteilung, Vor- und Nachname. Sprechen Sie bewusst langsamer und artikulierter als normal, insbesondere dann, wenn Sie einen schwer auszusprechenden/verständlichen beziehungsweise ungewöhnlichen Namen haben.

Bemühen Sie sich generell um eine deutliche Aussprache, schließ-

Buchstabiertafel / Telefonalphabet nach DIN 5009

A Anton	**Ä** Ärger	**B** Berta
C Cäsar	**Ch** Charlotte	**D** Dora
E Emil	**F** Friedrich	**G** Gustav
H Heinrich	**I** Ida	**J** Julius
K Kaufmann	**L** Ludwig	**M** Martha
N Nordpol	**O** Otto	**Ö** Ökonom
P Paula	**Q** Quelle	**R** Richard
S Samuel *	**Sch** Schule	**ß** Eszett
T Theodor	**U** Ulrich	**Ü** Übermut
V Viktor	**W** Wilhelm	**X** Xanthippe
Y Ypsilon	**Z** Zacharias **	

* (ungebräuchlich); Siegfried (nicht amtlich, aber allgemein üblich)
** (ungebräuchlich); Zeppelin (nicht amtlich, aber allgemein üblich)

lich hat Ihr Gesprächspartner nicht die Möglichkeit, Ihnen auf den Mund zu schauen oder andere körpersprachliche Signale zu deuten.

Konzentrieren Sie sich voll auf das Telefonat und Ihren Gesprächspartner. Vermeiden Sie jegliche Art von Nebentätigkeiten, wie etwa rauchen, etwas trinken, E-Mails lesen oder die Ablage machen.

Sprechen Sie Ihren Gesprächspartner gelegentlich mit seinem Namen an – aber auch nicht zu häufig, denn sonst wirkt es irritierend.

Machen Sie sich während des Gesprächs Notizen (Name, Firma, Anliegen, Uhrzeit, Datum). Wenn Sie etwas akustisch nicht verstanden haben, dann dürfen Sie durchaus fragen: »Können Sie das bitte nochmals wiederholen?« Sollte es sich um Namen oder andere wichtige Begriffe handeln, dann bitten Sie Ihren Gesprächspartner, das entsprechende Wort zu buchstabieren. Machen Sie sich deshalb mit dem Telefonalphabet vertraut (siehe die Übersicht auf Seite 179), auch um selbst professionell buchstabieren zu können.

Sofern im Verlauf des Telefonats inhaltliche Unklarheiten entstehen: Fragen Sie nach, was Sie nun tun sollen beziehungsweise was Ihr Gesprächspartner von Ihnen erwartet.

Überzeugen Sie mit Ihrer Stimme. Nehmen Sie eine aufrechte Körperhaltung ein, oder stellen Sie sich hin – dadurch haben Sie automatisch eine kräftigere Stimme. Und auch auf die Gefahr hin, dass es Ihnen albern vorkommt: Lächeln Sie – dies sorgt für eine angenehme Stimme.

Regeln für das aktive Führen von Telefonaten. Für das aktive Telefonieren gibt es außerdem noch einige weitere Empfehlungen. So sollten Sie zuerst einmal genau prüfen, ob Sie jemanden anrufen müssen. Überlegen Sie, bevor Sie zum Hörer greifen und die Nummer wählen, was Sie erreichen wollen. Ermitteln Sie stets, welches Ziel Sie mit Ihrem Anruf verfolgen. Bedenken Sie auch, ob Sie Ihr Anliegen nicht mithilfe eines anderen Mediums (in einem persönlichen Gespräch, per E-Mail oder per Brief) besser erreichen können. Ihnen sollte klar sein: Jeder Anruf bedeutet eine Störung Ihres Gesprächspartners. Allein aus Gründen der Höflichkeit und des Respekts sollten Sie deshalb sorgsam abwägen, ob Sie wirklich ein Telefonat führen müssen.

Wenn Sie telefonieren, dann legen Sie sich Schreibzeug zurecht. Fragen Sie dann Ihren Gesprächspartner, ob Sie sehr stören, und beschreiben Sie Ihr Anliegen knapp. Sofern es sich um einen Anruf mit werblichem Charakter handelt: Machen Sie Ihren Gesprächspartner neugierig, beispielsweise indem Sie eine Frage stellen: »Wollen Sie Ihre Stromkosten senken?«

Wenn Sie niemanden erreichen und auf Mailbox oder Band sprechen, so gilt: Fassen Sie sich kurz. Nennen Sie Ihren Namen, die Firma und Ihre Telefonnummer, und zwar deutlich und langsam, denn der Angerufene braucht Zeit zum Notieren.

Regeln für das passive Führen von Telefonaten. Für das passive Telefonieren gilt: Nehmen Sie (längere) Gespräche nur dann an, wenn Sie wirklich Zeit dafür haben; bieten Sie sonst einen Rückruf an. Auf diese Weise können Sie auch notorischen Störern aus dem Kollegenkreis auf höfliche Art und Weise verdeutlichen, dass die Anrufe eine Unterbrechung Ihrer Arbeit bedeuten.

Formulieren Sie eine höfliche Mailboxansage: Ihre Bandansage sollte sachlich, freundlich und möglichst kurz sein. Bieten Sie an, dass der Anrufer eine Nachricht hinterlassen kann; erwähnen Sie dabei aber nicht das Wort »Piepton«, das ist veraltet. Denken Sie auch daran, einen Gruß und einen Dank für den Anruf aufzusprechen.

Wie organisiere ich eine Besprechung?

Besprechungen sind aus dem Arbeitsalltag der meisten Büroarbeiter nicht wegzudenken: Bestimmte Mitarbeiter kommen zusammen, um – meist unter Teilnahme des Vorgesetzten – arbeitsbezogene Probleme oder sonstige Themen zu diskutieren. Häufig jedoch sind die Teilnehmer nachher unzufrieden: »Mal wieder Stunden in sinnlosen Meetings vergeudet, und die eigentliche Arbeit bleibt liegen« – so denken viele Mitarbeiter. Meistens liegt dies daran, dass die Besprechung schlecht vorbereitet oder unprofessionell geleitet wurde. Wie es besser geht, lesen Sie hier.

▶ In vier Schritten eine Besprechung organisieren

Schritt 1: Prüfen Sie, ob die Sitzung wirklich erforderlich ist

Gibt es eventuell andere Wege (zum Beispiel per E-Mail-Abstimmung), um das Problem zu lösen? Die Frage der Güte lautet hier stets: Rechtfertigen

die anstehenden Fragen, Themen oder Aufgaben den Aufwand für eine Besprechung?

Schritt 2: Legen Sie Thema, Termin, Teilnehmerkreis und Tagesordnung geschickt fest

Sofern Klarheit darüber besteht, dass das Problem oder Thema nur durch eine Besprechung zu lösen ist, müssen der Teilnehmerkreis und der Termin bestimmt werden. Laden Sie dazu rechtzeitig ein, und zwar nur die Personen, die für das Thema wirklich wichtig beziehungsweise notwendig sind. Legen Sie die Uhrzeit geschickt fest: morgens für Kreatives, abends für Strittiges (denn abends kommt es meist schneller zur Einigung, weil alle nach Hause wollen).

Grenzen Sie das Thema ein. Definieren Sie das Thema der Besprechung genau. Formulieren Sie am besten aktivisch, das heißt, das Thema sollte stets ein Verb beinhalten. Noch besser ist es, wenn Sie das Thema als Frage formulieren: »Sollen wir das Produkt XY im Markt einführen?« Je eingegrenzter das Thema ist, desto höher der Besprechungserfolg.

Legen Sie nun die Tagesordnung fest – es darf keine Besprechung ohne Tagesordnung geben –, und konzentrieren Sie sich dabei auf wenige Punkte. Sortieren Sie die Tagesordnungspunkte nach Bedeutung (das wichtigste Thema zuerst), und vermeiden Sie solche, auf die sich die Teilnehmer nicht vorbereiten können (wie etwa »Diverses« oder »Sonstiges«). Stellen Sie den Teilnehmern rechtzeitig vorher alle relevanten Informationen zur Verfügung. Außerdem sollten Sie einen genauen Zeitrahmen festlegen – und sich auch daran halten.

Sofern Sie für die Organisation der Besprechung verantwortlich sind, bedenken Sie bitte Folgendes:

- Reservieren Sie rechtzeitig einen geeigneten Raum. Wählen Sie einen hellen, ausreichend großen Raum. Man rechnet etwa 3 bis 5 Quadratmeter pro Teilnehmer plus gegebenenfalls Platz für technische Geräte sowie Getränke und Verpflegung.
- Organisieren und testen Sie die technische Ausstattung (Beamer, Flipchart, Mikrofon).

- Organisieren Sie Getränke und gegebenenfalls eine Pausenverpflegung.
- Legen Sie gegebenenfalls eine Sitzordnung fest.
- Bereiten Sie Namensschilder vor.
- Legen Sie Schreibmaterial für die Teilnehmer bereit.

Schritt 3: Beachten Sie die Erfolgsfaktoren für einen gelungenen Besprechungsverlauf

Damit eine Besprechung gelingt und sich die Mitarbeiter nicht anschließend über die vergeudete Zeit beschweren, beachten Sie folgende Punkte:

- Fangen Sie immer pünktlich an.
- Bestimmen Sie einen Protokollführer und einen Moderator.
- Erinnern Sie die Teilnehmer daran, ihre Handys auszuschalten.
- Stellen Sie gegebenenfalls neue Teilnehmer den anderen vor.
- Machen Sie nach Möglichkeit keine Pausen.
- Fertigen Sie ein Protokoll an, sofern Sie keinen Protokollführer haben.
- Schließen Sie keinen Tagesordnungspunkt ab, ohne Maßnahmen dafür festgelegt zu haben: Wer macht was bis wann?
- Lenken Sie die Besprechung aktiv, und schalten Sie die üblichen »Besprechungskiller« aus (siehe Grafik auf Seite 184).
- Erstellen Sie sich für wichtige eigene Redebeiträge »Spickzettel«.
- Lassen Sie zum Schluss die zentralen Punkte des (handschriftlichen) Protokolls vorlesen, oder besprechen Sie diese anschließend mit dem Protokollanten.

Schritt 4: Bereiten Sie die Besprechung nach

Versenden Sie das Protokoll möglichst bald nach der Besprechung. Verfolgen Sie die Einhaltung der beschlossenen Maßnahmen, und übernehmen Sie offene Punkte für die Tagesordnung der nächsten Besprechung. ◀

Besprechungskiller unschädlich machen

Zwei Personen liefern sich einen »Schlagabtausch«, die anderen steigen aus.	➧	Beide Teilnehmer bitten, Argumente nochmals gebündelt vorzutragen; Fakten auf Flipchart notieren.
Vielredner »nervt« die anderen durch endlose Ausführungen.	➧	Moderator unterbricht: »Ich darf die wichtigsten Punkte zusammenfassen.«
Diskussionen werden zu emotional geführt.	➧	Zehn Minuten Pause.
Kritiker torpediert alle Lösungsvorschläge.	➧	Gegenfrage: Was schlägt der Kritiker vor?

Wie präsentiere ich am Flipchart?

Eine oftmals zu Unrecht als veraltet bezeichnete Präsentationsmethode ist das Flipchart – auch Wandzeitung oder Plakat genannt. Flipcharts sind geeignet für Informationen, die

- zu Beginn und im Laufe der Präsentation von Bedeutung sind, wie etwa die Vortragsgliederung;
- auch nach der Präsentation wichtig sind, wie etwa Arbeitsergebnisse oder Merksätze;

- nicht auf anderen Hilfsmitteln festgehalten werden können, weil dort dafür nicht genügend Platz vorhanden ist;
- zur Darstellung von Inhalten, die besonders in Erinnerung bleiben sollen.

Erfahrungsgemäß können Sie Ihre Zuhörer mit einer Flipchart-Präsentation wesentlich mehr »begeistern« als mit Folien. Der Grund: Handzeichnungen und Handschriftliches erzeugen in unserer digitalen Welt mehr Aufmerksamkeit und kommen besser an. Probieren Sie es einmal aus, und verzichten Sie – zumindest teilweise – auf Folien; arbeiten Sie stattdessen oder zusätzlich mit einem Flipchart. Beachten Sie dabei folgende Hinweise:

- Üben Sie Ihre Flipchart-Zeichnungen zuvor auf einem DIN-A4-Blatt.
- Benutzen Sie einen dicken Stift und verschiedene Farben, jedoch nicht mehr als vier.
- Schreiben Sie in Druckschrift.
- Schreiben beziehungsweise malen Sie Ihre Bilder, Zeichnungen oder Skizzen erst in dem Moment, in dem Sie darüber sprechen. Komplexe oder anspruchsvolle Darstellungen können Sie gegebenenfalls vorbereiten und dann während der Präsentation ergänzen.
- Schreiben beziehungsweise malen Sie großflächig, und lassen Sie große Zwischenräume.
- Versuchen Sie dreidimensional zu zeichnen.
- Zeichnen Sie Diagramme mit großen Balken und ohne Beschriftung – dies würde erstens zu lange dauern und zweitens von Ihrer Kernbotschaft ablenken.
- Unterstreichen Sie wichtige Aussagen farbig, oder kennzeichnen Sie diese durch Einkringeln oder Einkasteln.

- Hervorhebungen können Sie auch mittels zusätzlicher farbiger Karten aus dem Moderatorenkoffer gestalten, etwa durch runde oder ovale Karten.
- Stellen Sie sich dicht an das Flipchart – die Zuhörer wandern nämlich sonst mit den Augen zwischen Plakat und Ihnen hin und her.
- Wenden Sie dem Publikum nicht den Rücken zu, sondern versuchen Sie, auch beim Zeichnen und Schreiben Blickkontakt zu halten, auch wenn Sie sich dabei ein wenig verrenken müssen.

Der Karriereverbandskasten

Nicht immer läuft im Beruf alles planmäßig. Wie im Straßenverkehr, so kommt es auch in Büros und in Besprechungszimmern immer mal wieder zu Unfällen. Deshalb habe ich im Schlusskapitel noch ein paar Tipps zum Thema Krisenmanagement zusammengestellt – quasi Ihr persönlicher »Verbandskasten«. Konkret geht es in diesem letzten Kapitel um folgende Notfallsituationen: um eigene Fehler, um Gerüchte über einen selbst, um den Umgang mit einem schwierigen Chef und um den Umgang mit schwierigen Kollegen.

Wie gehe ich mit eigenen Fehlern um?

Wer arbeitet, der macht auch Fehler. Es gibt niemanden, der alles richtig erledigt. Allein dieses Wissen sowie die Tatsache, dass Fehler zunächst einmal nichts Schlimmes sind, sondern sogar Vorteile haben, sollte Sie gelassener im Umgang mit eigenen Fehlern machen. Schließlich gilt die alte Lebensweisheit: Aus Fehlern lernt man. Fehler sind die Quelle zukünftiger Erfolge und lassen uns reifen. Dennoch ist es natürlich unangenehm, wenn einem im Beruf ein Fehler unterläuft. Wie Sie dann reagieren sollten, zeigt dieser Abschnitt.

Versuchen Sie nicht, Fehler zu vertuschen. Sie kennen das Sprichwort: »Lügen haben kurze Beine.« Früher oder später kommt jede Notlüge oder Verheimlichung einmal heraus. Gehen Sie deshalb gleich in die Offensive: Sagen Sie Ihrem Chef oder Ihren betroffenen Kollegen mit klaren Worten, was Sie falsch gemacht haben. Wenn möglich, sollten Sie bei Ihrem »Geständnis« stehen, denn die aufrechte Körperhaltung führt automatisch dazu, dass Sie nicht in einen unterwürfigen Ton verfallen, und drückt Ihr Selbstbewusstsein aus: »Ja, ich habe einen Fehler gemacht, aber ich stehe auch – im wahrsten Sinn des Wortes – dazu.«

Zeigen Sie Lösungen auf. In dem Moment, in dem Sie Ihren Fehler zugeben, sollten Sie gleichzeitig sagen, was Sie tun wollen, um den Fehler wieder gutzumachen: »Ich habe die Anfrage von Kunde Mayer übersehen. Ich werde ihn gleich anrufen und ihm dies mitteilen. Bis heute 17 Uhr hat er ein Angebot.« Die meisten Menschen haben Verständnis dafür, dass Fehler passieren können, solange Sie das Gefühl haben, dass es dem Fehlerverursacher leidtut und er an einer zügigen Lösung arbeitet.

Behalten Sie kleinere Fehler für sich. Nicht im Widerspruch zu obiger Aussage steht die Empfehlung, unbedeutende Fehler nicht gleich hinauszuposaunen. Wenn der Fehler keine weitreichenden Auswirkungen hat und sie ihn selbst wieder korrigieren können, dann müssen Sie sich nicht selbst anklagen.

Entschuldigen Sie sich nicht. Es mag zunächst überraschend oder verwundernd klingen, wenn ich empfehle, sich nicht zu entschuldigen. Der Grund ist einfach: Sie haben Ihren Fehler ja nicht absichtlich begangen. Nur wer bewusst etwas verkehrt macht, hat Schuld auf sich geladen und kann sich entSCHULDigen. Freilich sollten Sie Ihren Fehler bedauern: »Es tut mir leid, dass das passiert ist. Ich verstehe, dass Sie das ärgert.«

Suchen Sie keine Ausreden, und begründen Sie Ihren Fehler nicht. Sie haben einen Fehler gemacht. Punkt. Es ist passiert, und nun muss der Blick in die Zukunft gerichtet werden. Alle Erklärungen, Ausreden und Begründungen, die Sie vielleicht anführen könnten, lassen Sie als schwach erscheinen. Haben Sie die Größe, und stehen Sie unumwunden zu Ihrem Fehler. Auf diese Weise vermeiden Sie zudem langwierige Diskussionen. Vorgesetzte schätzen es, wenn Sie keine Verteidigungsposition einnehmen, sondern lösungsorientiert denken.

Ergehen Sie sich nicht in Selbstmitleid. Quälen Sie sich nicht mit Selbstanschuldigungen, sondern zeigen Sie Professionalität durch einen sachlichen Umgang mit Fehlern. Ihre Karriere wird nicht deshalb enden, nur weil Sie einen Fehler gemacht haben. Sie haben also keinen Grund, sich selbst zu geißeln.

Lernen Sie aus Ihren Fehlern. Fragen Sie sich stets, wie es zu dem Fehler kommen konnte, ermitteln Sie also die Ursache (siehe dazu auch die Fünfmal-Warum-Methode im Abschnitt *Wie löse ich Probleme?*). Fragen Sie sich zudem, was Sie tun müssen, um ein erneutes Auftreten des Fehlers zu vermeiden, beziehungsweise was Sie zukünftig besser und anders machen können. Denn Fehler darf man einmal, manchmal auch zweimal machen, aber nicht öfter.

Verzeihen Sie anderen ihre Fehler. Je entspannter Sie mit den Fehlern anderer umgehen, desto mehr Verständnis wird man auch Ihnen entgegenbringen, wenn bei Ihnen mal etwas schiefgelaufen ist.

Wie gehe ich mit Gerüchten über mich um?

Flurfunk, der tägliche Klatsch und Tratsch, gehört zum Büroleben wie ein Locher oder die Kaffeemaschine. Gerüchte werden geliebt, weil sie Neugier erzeugen und einen hohen Unterhaltungswert besitzen. Nachrichten können kaum schneller verbreitet werden als in Form von Gerüchten. Einmal ausgestreut, verbreitet sich ein Gerücht in rasendem Tempo und ist dann nicht mehr zu stoppen. Das

Schlimme dabei: Gerüchte werden von den meisten Menschen geglaubt; ihr Wahrheitsgehalt wird in der Regel nicht hinterfragt. So lustvoll man sich eben noch an dem neuesten Gerücht über den Chef ergötzt hat, so fatal kann es sein, wenn man selbst betroffen ist. Was also tun, wenn man davon erfährt, dass über einen selbst ein Gerücht in Umlauf ist?

Sofern ein Gerücht über Sie tatsächlich zutrifft, haben Sie zwei Möglichkeiten, damit umzugehen: Entweder Sie geben unumwunden zu, dass es stimmt (»Ja, mir wurde von meinem alten Arbeitgeber gekündigt«), oder Sie enthalten sich jeglichen Kommentars (»Das ist meine persönliche Angelegenheit, und dazu sage ich nichts«). Was Sie jedoch nie tun sollten, ist zu lügen, zu erklären oder abzuwiegeln.

Wenn ein Gerücht nicht zutrifft, dann sollten Sie sich zunächst einmal klarmachen, dass Sie es nicht widerlegen können. Deshalb ist es auch sinnlos, ein Gerücht zu dementieren – Ihnen wird ohnehin nicht geglaubt. Im Gegenteil: Dementis und Gegendarstellungen wirken oft unbeholfen und verstärken sogar noch das Gerücht. Der Grund: Meistens erfährt man erst dann von einem Gerücht über sich selbst, wenn es schon alle anderen wissen. Doch dann ist es zu spät, um die Sache klarzustellen. Es kann nur noch um Schadensabwehr oder -begrenzung gehen. Gegen ein Gerücht vorzugehen – egal, auf welche Weise – oder zu versuchen, es zu widerlegen, hat bisher kaum jemand geschafft. Wer erst einmal verdächtigt wird, Läuse zu haben, dem wird selbst die Vorlage mehrerer ärztlicher Atteste nicht viel helfen. Das ist das Fiese an einem Gerücht: Etwas bleibt immer hängen, ohne dass man eine echte Chance hat, sich dagegen zu wehren. Also, berücksichtigen Sie diese Erkenntnis: Je stärker Sie sich gegen ein Gerücht wehren, desto eher wird es weiter verbreitet.

Erkennen Sie erste Anzeichen von Gerüchten. Suchen Sie nach Signalen für ein Gerücht, und überprüfen Sie daraufhin Ihr Verhalten. Jedes Gerücht hat Vorläufer. Zunächst gibt es Geraune und Gemunkel. Mutmaßungen basieren in der Regel auf Eigenschaften oder

Verhaltensweisen, die Sie tatsächlich besitzen. Wer bei jeder Firmenfeier als Letzter an der Bar steht, gerät natürlich leichter in Verdacht, Alkoholiker zu sein, als einer, der sich auch bei der Weihnachtsfeier zu beherrschen weiß. Genau hier müssen Sie ansetzen, wenn Sie nicht wollen, dass aus einer Vermutung ein Gerücht wird. Wenn Sie also zum Beispiel meist zufällig genau dann Überstunden machen, wenn Kollegin Münstermann auch länger arbeitet, dann gehen Sie zukünftig bewusst früher nach Hause. Fragen Sie sich ganz allgemein, inwiefern Ihr Verhalten Anlass für Spekulationen liefern kann.

Versuchen Sie zu ermitteln, warum es ein Gerücht über Sie gibt. Gerüchte werden oft ganz bewusst gestreut, um jemandem zu schaden, jemanden bloßzustellen, einen Konkurrenten auszuschalten, jemandem eins auszuwischen oder jemanden in Verruf zu bringen. Wenn Sie wissen, aus welchem dieser Gründe man schlecht über Sie spricht, dann können Sie etwas dagegen unternehmen – nämlich den dahinter liegenden Konflikt lösen. Finden Sie heraus, wer Ihr Kontrahent ist, und sprechen Sie ihn oder sie direkt an. Allerdings ist es oftmals sehr schwierig, den Gerüchteverursacher aufzuspüren. Im Zweifelsfall wird der- oder diejenige leugnen, ein Gerücht in Umlauf gebracht zu haben.

Lassen Sie das Gerücht »verhungern«. Warten Sie ab und unternehmen Sie nichts. Gerüchte sind nämlich schnelllebig – sie halten sich nur kurze Zeit und weichen dann anderen Gerüchten. Hat ein Gerücht seinen Höhepunkt erreicht, sackt es in sich zusammen wie ein aufgeblasener Luftballon, in den man eine Nadel sticht. Es kann daher oftmals eine kluge Strategie sein, überhaupt nichts zu tun, um dem Gerücht zu begegnen – bereits nach wenigen Tagen oder Wochen spricht niemand mehr darüber.

Beugen Sie Gerüchten vor. Häufig haben Gerüchte ihre Ursache darin, dass es Informationsdefizite gibt. Die Kollegen wissen einfach nicht genügend über Sie und stellen dann ihre Mutmaßungen an. Erzählen Sie daher in der Kantine, beim Morgenkaffee oder beim Betriebsausflug mehr von sich – denn wo Informationen fehlen, wächst das Gerücht.

Streuen Sie selbst keine Gerüchte

Es ist erwiesen, dass häufig gerade diejenigen, die Gerüchte in die Welt setzen, selbst zum Thema von Gerüchten werden. Abgesehen davon gehört es einfach nicht zum guten Ton, Gerüchte zu kolportieren. Also, ganz klare Regel: Beteiligen Sie sich nicht an Klatsch und Tratsch, und bringen Sie nie Unwahrheiten oder Spekulationen über andere in Umlauf. Schützen Sie andere vor Gerüchten, und treten Sie couragiert auf: »Ich kenne Herrn Uttner als sehr zuverlässigen Kollegen und kann nicht nachvollziehen, was Sie behaupten.« Haben Sie also den Mut, Spielverderber zu sein.

Wie gehe ich mit einem schwierigen Chef um?

Keine Frage, ein gutes Verhältnis zum Vorgesetzten ist ein wichtiger Wohlfühlfaktor am Arbeitsplatz. Doch leider ist die Beziehung zum Chef oft nicht von gegenseitiger Sympathie und Wertschätzung getragen, denn manche Chefs sind einfach menschliche Nieten. Doch Sie können lernen, auch mit solchen Typen zurechtzukommen.

Akzeptieren Sie Ihren Chef, so wie er oder sie ist. Jeder hat seine eigene Persönlichkeit, auch Ihr Chef. Da können Sie nichts ändern, denn ändern können Sie nur sich selbst, aber niemand anderen. Fangen Sie also bei sich an, wenn Sie das Verhältnis zu Ihrem Vorgesetzten verbessern wollen. Fragen Sie sich: »Inwieweit liegt es an mir, dass sich mein Chef und ich nicht verstehen?« Und ändern Sie Ihre Einstellung: Solange Sie Ihren Chef als »schwierig« wahrnehmen, wird er oder sie auch schwierig sein. Versuchen Sie, eine neutrale Einstellung zu bekommen. Bedenken Sie auch, dass er oder sie Ihr Chef und nicht Ihr Freund ist – das Verhältnis ist also durch die hierarchische Stellung geprägt.

Seien Sie höflich, und gehen Sie professionell miteinander um. Selbst wenn Ihr Vorgesetzter eine menschliche Null ist, so sollten Sie ihm oder ihr doch stets höflich begegnen, also etwa auf dem Flur grüßen, die Tür aufhalten oder im Gespräch Blickkontakt aufnehmen. Lassen Sie Ihre Antipathie nicht Ihre Arbeit beeinflussen. Auch (oder gerade) ein Chef, den Sie nicht ausstehen können, sollte erstklassige Arbeit von Ihnen bekommen.

Kritisieren Sie Ihren Chef nicht. Machen Sie Ihrem Chef keine Vorschriften, und üben Sie niemals Kritik – selbst, wenn Sie es besser wissen. Sagen Sie also nie: »Herr Müller, so wie Sie das gemacht haben, ist das falsch.« Denn so kann er sich leicht »vor den Kopf gestoßen« fühlen. Diplomatischer ist es, wenn Sie Ihre Kritik beziehungsweise Ihren Verbesserungsvorschlag als Frage formulieren: »Was halten Sie davon, die Lieferantenbeurteilung …?« Missinterpretieren Sie diese Empfehlung jedoch nicht als Aufforderung zum uneingeschränkten Ja-Sagen – so etwas kann einen in die Depression treiben. Der Punkt ist: Reizen Sie schwierige Chefs nicht noch zusätzlich durch Opposition und Kritik.

Bieten Sie Lösungen an. Wie bereits mehrfach in diesem Buch gesagt: Chefs mögen keine Sorgenkinder, sondern Mitarbeiter, die mitdenken und Lösungsvorschläge machen. Wann immer Sie also ein Problem identifiziert haben, machen Sie sich auch Gedanken zur Lösung desselben, bevor Sie damit zum Chef gehen.

Fragen Sie, um Unklarheiten zu vermeiden. Chefs, denen man es einfach nicht recht machen kann, geben oft zu wenige Anweisungen zu den Aufgaben, die man erledigen soll. Deshalb: Fragen Sie nach, was genau Sie bis wann erledigen sollen. Je detaillierter Sie fragen, desto mehr Informationen bekommen Sie, desto weniger können Sie verkehrt machen, desto weniger Anlass für Kritik bieten Sie, desto weniger Konflikte sind die Folge. Ganz generell gilt: Ermitteln Sie, was Ihr Vorgesetzter möchte und was nicht. Finden Sie heraus, wie Sie Ihren Job ausführen sollen, damit er oder sie zufrieden ist.

Seien Sie loyal. Auch wenn es Ihnen eventuell schwerfallen sollte: Egal, was Sie von Ihrem Vorgesetzten denken, sprechen Sie nie schlecht in der Öffentlichkeit über ihn oder sie. Behalten Sie vertrauliche sowie kompromittierende Informationen für sich. Bedenken Sie: Er oder sie ist Ihr Chef und verdient den entsprechenden Respekt.

Drohen Sie nie damit zu kündigen. Eskaliert die Auseinandersetzung mit Ihrem Chef, so können unter Umständen unbedachte Äußerungen fallen, die Ihnen später leidtun. So sollten Sie sich davor hüten, als Drohmittel Ihre Kündigung in Aussicht zu stellen: »Wenn … nicht geändert wird, dann gehe ich!« Wer das sagt, der muss im Zweifelsfall mit dieser Antwort rechnen: »Dann tun Sie das.« In diesem Fall müssen Sie auch konsequent sein …

Begegnen Sie cholerischen Chefs mit Selbstbewusstsein. Bieten Sie cholerischen Chefs sprichwörtlich die Stirn. Wenn Sie Ziel einer seiner »Anfälle« werden, stehen Sie auf, und stellen Sie sich aufrecht hin. Blicken Sie ihm oder ihr in die Augen, anstatt Ihren Blick wie ein Opferlamm auf den Boden gleiten zu lassen. Zu Ihrer eigenen Beruhigung: Oft meinen es Choleriker nicht persönlich und haben bereits nach einer halben Stunde ihre »Attacke« vergessen.

Begegnen Sie zynischen Chefs mit Offenheit. Zyniker sind oft – auch, wenn man es nicht vermutet – sehr sensibel und reagieren betroffen, wenn man sie direkt anspricht. Tadelt Sie der Zyniker mal wieder mit einer unpassenden Bemerkung, so entgegnen Sie in einem ruhigen Ton: »Ich empfinde Ihre Aussage als sehr verletzend und bitte Sie, nicht in diesem Ton mit mir zu reden.«

Begegnen Sie besserwisserischen Chefs mit Lob. Besserwisser suchen Anerkennung. Sie erreichen viel, wenn Sie ihm oder ihr oft zustimmen (»Ja, das ist richtig«; »Genauso sieht es Dr. Müller auch«) und vorsichtig loben (»Das ist ein guter Vorschlag«). Passen Sie aber auf, dass Sie nicht übertreiben. Wenn Sie einen Besserwisser überzeugen wollen, so schaffen Sie dies am einfachsten, indem Sie Fakten liefern – Fakten, denen Ihr Chef nicht widersprechen kann. Alles, was Sie vortragen, muss allerdings gut und stichhaltig begründet sein.

Begegnen Sie autoritären Chefs mit Zustimmung. Autoritäre Chefs dulden keinen Widerspruch und erwarten, dass man sich nach ihren Anweisungen richtet. Der schmerzfreie Weg besteht darin, genau das zu tun. Wenn Sie dies nicht dauerhaft können, dann versuchen Sie es mit folgender Strategie: Fragen Sie Ihren Chef gelegentlich um Rat, holen Sie seine Meinung ein. Häufig wird er ein solches Verhalten schätzen und Ihnen mehr Freiraum schenken.

Begegnen Sie kontrollwütigen Chefs mit Informationen. Kontrolleure wollen über jeden noch so kleinen Schritt informiert werden und delegieren, wenn überhaupt, nur banale Aufgaben. Wenn Sie eigenständiger arbeiten wollen, so müssen Sie langsam das Vertrauen Ihres Vorgesetzten gewinnen, und zwar einerseits durch möglichst fehlerfreie Arbeit und andererseits durch permanente Informationen. Unterrichten Sie Ihren Chef ständig über Ihre Arbeitsfortschritte, und geben Sie ihm oder ihr das Gefühl von Sicherheit.

Lassen Sie einen neutralen Außenstehenden urteilen. Wenn Sie mit dem Verhalten Ihres Chefs nicht klarkommen oder ein spezielles Problem haben, können Sie sich an einen vertrauenswürdigen Kollegen aus einer anderen Abteilung oder einen möglichst objektiv denkenden Freund wenden. Berichten Sie ihm sachlich vom Verhalten Ihres Chefs. Bitten Sie dann um seine Einschätzung, und fragen Sie, was er in dieser Situation tun würde.

Ziehen Sie die Konsequenzen. Wenn alle Maßnahmen versagen und Ihnen die tägliche Fahrt ins Büro zur psychischen, vielleicht sogar zur physischen Qual wird, dann sollten Sie die Notbremse ziehen und die Abteilung oder das Unternehmen wechseln. Es nutzt nichts, dauerhaft mit Bauchschmerzen acht oder mehr Stunden am Tag mit einem Chef zu verbringen, der Ihnen das Leben zur Hölle macht. Gute Chefs haben gute Mitarbeiter – verlassen Sie daher einen schlechten Chef!

Suchen Sie juristischen Beistand. Sollte das Verhalten Ihres Chefs Formen annehmen, die unter den Tatbestand Mobbing fallen, dann sollten Sie sich unbedingt anwaltlichen (und psychologischen) Rat holen. Ganz wichtig: Halten Sie alle Vorgänge, die aus Ihrer Sicht nicht korrekt waren, schriftlich fest. Je detaillierter Ihre Dokumentation ist, desto größer sind Ihre Erfolgsaussichten vor dem Arbeitsgericht.

▸ Wie Sie die Zustimmung Ihres Chefs bekommen

Die meisten Menschen – und damit auch Vorgesetzten – sind viel leichter von einer Idee zu überzeugen, wenn sie denken, sie hätten dazu beigetragen. Verkaufen Sie also Ihre eigene Idee so, als ob es die Idee Ihres Chefs gewesen wäre. Folgende Einleitungsworte sind dazu geeignet:

- »Sie hatten neulich doch gesagt, dass … Ich habe diesen Gedanken einmal aufgegriffen und …«

- »Wenn ich mich richtig erinnere, hatten Sie beim letztjährigen Innovationsmeeting den Vorschlag gebracht …«
- »Ihre Erfahrung hat doch sicherlich auch gezeigt, dass …?«
- »Gut, dass Sie das jetzt sagen! Ich habe auch schon …«
- »Wie Sie ja immer sagen … So habe ich jetzt …«
- »Sehen Sie es auch so, dass wir jetzt … tun sollten?«◀

Wie gehe ich mit schwierigen Kollegen um?

Nicht nur Chefs können schwierig sein – auch die Kollegen, und das ist vielleicht sogar noch häufiger der Fall. Da gibt es Neider, Intriganten, Profilierungssüchtige, Blender und viele andere Typen, die einem das Leben schwermachen. Sinngemäß gilt für den Umgang mit unliebsamen Kollegen Ähnliches wie bei den Strategien gegen eigenwillige Chefs, aber darüber hinaus sind noch einige weitere Dinge zu beachten:

Analysieren Sie Ihr Verhalten. Überlegen Sie, ob Sie den Kollegen Angriffsflächen bieten. Was könnte die Kollegen an Ihnen reizen? Was machen Sie eventuell verkehrt, das Ihre Kollegen so feindselig stimmt?

Bewahren Sie Ruhe. Vielen Menschen dürfte es nicht leichtfallen, diesen Tipp zu beherzigen: Aber selbst wenn Sie noch so sehr von einem Kollegen gereizt werden – lassen Sie sich nicht zu Wutausbrüchen oder unflätigen Bemerkungen hinreißen. Gehen Sie lieber mit der Bemerkung aus dem Büro: »Auf dieser Basis rede ich nicht mit Ihnen/dir.«

Fragen Sie nach. Wenn Sie mit einem (pauschalen) Vorwurf konfrontiert werden (zum Beispiel »Immer sind Sie spät dran«), so fragen

Sie direkt nach: »Sie sagen, ich sei immer spät dran. Können Sie bitte ein konkretes Beispiel nennen?«

Bestärken Sie gewünschtes Verhalten. Statt auf den vermeintlichen oder tatsächlichen Schwächen eines Kollegen herumzureiten, sollten Sie versuchen, das Positive zu sehen und Ihren unliebsamen Kollegen für das zu loben, was er gut macht. Dies muss nicht explizit und ausführlich geäußert werden.

Ein knappes, aber ehrliches »gut gelungen« oder selbst ein kurzes Lächeln können die Fronten aufweichen. Sie werden so nicht als Nörgler wahrgenommen, weshalb eine spätere Kritik leichter angenommen wird.

Suchen Sie das Gespräch mit dem schwierigen Kollegen. Die beste und einfachste Möglichkeit, eine störende Veraltensweise zu beseitigen, ist es, den Betreffenden direkt anzusprechen. Machen Sie dabei Ich-Aussagen, und kritisieren Sie nicht die Person, sondern nur das Verhalten beziehungsweise den Sachverhalt, der Sie stört. Sagen Sie also nicht: »Sie sind faul«, sondern: »Ich komme in letzter Zeit ungern ins Büro, weil ich einen Teil Ihrer Arbeit erledigen muss. Gern würde ich mit Ihnen eine Lösung finden, die uns beide zufrieden stellt.«

Führen Sie solche Gespräche jedoch nicht unmittelbar nach einer Auseinandersetzung – denn dann sind beide Seiten noch emotional aufgewühlt, und es fällt schwer, eine rationale Diskussion zu führen.

Ziehen Sie einen Vermittler hinzu. Kommen Sie im direkten Gespräch nicht weiter, so mag es manchmal eine gute Idee sein, einen neutralen Dritten zu bitten, den Konflikt mit dem schwierigen Kollegen zu lösen beziehungsweise bei der Lösungsfindung zu helfen (siehe das Kapitel *Wie löse ich Konflikte?*). Dies setzt allerdings voraus, dass sowohl Sie als auch der betroffene Kollege überhaupt an einem Kompromiss interessiert sind.

Sprechen Sie mit Ihrem Chef. Zu Ihrem Vorgesetzten sollten Sie erst dann gehen, wenn Sie selbst mit dem schwierigen Kollegen gesprochen haben und zu keiner Lösung gekommen sind. Sie sollten also alles unternommen haben, was Sie selbst tun können, um den Konflikt zu lösen, bevor Sie diesen Schritt machen. Denn wer den Chef mit internen Konflikten belastet, kommt schnell in den Verruf, ein durchsetzungsschwacher Nörgler zu sein.

Nachwort

Dieses Buch erhebt zwar nicht den Anspruch auf Vollständigkeit, aber ich meine, eine gute Auswahl der wichtigsten Themen getroffen zu haben. Freilich gibt es noch viele weitere Methoden und Techniken, die Ihnen im Berufsalltag helfen oder gar erforderlich sind – sei es, Bilanzen zu lesen, eine Rede zu verfassen oder eine Verfahrensanweisung zu erstellen. Vieles wäre noch zu ergänzen, aber mit den hier vorgestellten Werkzeugen und Tipps ist eine sehr solide Basis gelegt. Sie sind bestens gerüstet, um im Karriereverkehr sicher zu fahren.

Anders jedoch als beim Autoführerschein dauert die praktische Karriereführerscheinprüfung länger als 30 Minuten – sie währt ein ganzes (Berufs-)Leben lang. Das theoretische Wissen allein nutzt nichts. Was zählt, ist die Umsetzung. Wenden Sie also das hier vorgestellte Wissen eifrig an, sammeln Sie Erfahrungen, und ergänzen Sie diese Ausführungen mit Ihren eigenen Erkenntnissen – so werden Sie ein immer besserer und routinierterer Fahrer und kommen schneller und sicherer voran.

Literaturempfehlungen

Aamodt, Sandra/Wang, Samuel, *Welcome to Your Brain*, München 2008

Campus Management, Band 1 und 2, Frankfurt am Main 2003

Carnegie, Dale, *Wie man Freunde gewinnt*, Frankfurt am Main 2006

Carnegie, Dale, *Besser miteinander reden*, Frankfurt am Main 2003

Däfler, Martin-Niels, *Gutes Schreiben. Die 44 wichtigsten Regeln*, Heigenbrücken 2004

Däfler, Martin-Niels, *Checklisten Unternehmenskommunikation*, Heigenbrücken 2005

Däfler, Martin-Niels, *Die 10 gefährlichsten Kommunikationsfallen*, Heigenbrücken 2006

Däfler, Martin-Niels, *Tricks für tolle Texte*, Heigenbrücken 2007

Däfler, Martin-Niels, *So schreibst du gute Aufsätze*, Heigenbrücken 2007

Flume, Peter, *Rhetorik – live*, Freiburg 2005

Förster, Hans-Peter, *Texten wie ein Profi*, Frankfurt am Main 2008

Herrmann, Christoph/Fiebach, Christian, *Gehirn & Sprache*, Frankfurt am Main 2007

Küstenmacher, Werner Tiki, *Simplify your life*, 16. Auflage, Frankfurt am Main 2004

Märtin, Doris, *Smart Talk*, Frankfurt am Main 2006

Mai, Jochen, *Die Karrierebibel*, München 2008

Malik, Fredmund, *Führen, Leisten, Leben*, Frankfurt am Main 2006

Nützel, Nikolaus, *Sprache oder was den Menschen zum Menschen macht*, München 2007

Pöhm, Matthias, *Vergessen Sie alles über Rhetorik*, München 2002

Reiners, Ludwig, *Stilfibel. Der sichere Weg zum guten Deutsch*, München 2007

Reiter, Markus, *Klardeutsch. Neuro-Rhetorik für Manager*, München 2008

Reynolds, Garr, *Presentation Zen*, Berkeley 2008

Roth, Gerhard, *Fühlen, Denken, Handeln. Wie das Gehirn unser Verhalten steuert*, Frankfurt am Main 2003

Schaller, Beat, *Die Macht der Psyche. Die 202 Essentials menschlichen Verhaltens*, München 2007

Schneider, Wolf, *Deutsch fürs Leben*, Reinbek 1994

Schulz von Thun, Friedemann, *Miteinander reden*, Band 1 bis 3, Reinbek 2008

Seiwert, Lothar J., *Das Bumerang-Prinzip. Don't hurry, be happy*, München 2003

Simon, Walter, *Grundlagen der Kommunikation*, Offenbach 2004

Torralba, Francesc, *Die Kunst des Zuhörens*, München 2007

von Trotha, Tilo, *Reden professionell vorbereiten*, Regensburg 2008

Watzlawick, Paul, *Anleitung zum Unglücklichsein*, 14. Auflage, München 2009

Watzlawick, Paul/Beavin, Janet H./Jackson, Don D., *Menschliche Kommunikation. Formen, Störungen, Paradoxien*, 11. Auflage, Bern 2007

Wiedemann, Wolfgang, *Schnellkurs Psychologie*, Köln 2005

Danksagung

Wie es unter Autoren guter Brauch ist, so möchte auch ich verschiedenen lieben Menschen Dank sagen:

Meiner Frau, Dr. Heike Wenzel-Däfler, für die vielen Anregungen, die sie mir durch ihre Erzählungen über ihre Arbeit als Geschäftsführerin gegeben hat.

Meiner Agentin, Bettina Querfurth, für ihr unablässiges Triezen, bis wir endlich ein Konzept hatten, das Erfolg versprach.

Meinem Doktorvater und Mentor Prof. Dr. Kurt Nagel, der mich vor über 15 Jahren in die Welt der Beratung eingeführt hat.

Meinen (ehemaligen) Kollegen und den Partnern bei der Boston Consulting Group für acht äußerst lehrreiche Jahre, die wir zusammenarbeiten durften.

Meinem sympathischsten Kunden, den ich bislang hatte, Herrn Direktor Joachim Brockmann a. D., für die äußerst angenehme Zusammenarbeit und seinen menschlichen Blick auf »harte« Themen.

Meinen Studenten an der FOM Hochschule für Oekonomie & Management in Frankfurt am Main für ihre kritischen Fragen, Beispiele, Erfahrungen und Anregungen.

Meinen Lektorinnen, Juliane Meyer und Maren Wetcke, für ihre ungezählten wertvollen Hinweise, die ich dankbar berücksichtigt habe und die dieses Buch erst komplett gemacht haben.

Meinen Freunden und Bekannten Bernd, Dirk, Felix, Florian, Harald, Marcus, Martin, Matthias, Michael, Moni, Stefan, Stephan, Thomas, Vera (und vielen anderen) für die bewusst und beiläufig geäußerten Hinweise und Berichte aus ihrem Berufsleben – allesamt Informationen, die ich bereitwillig aufgegriffen habe.

Last, but not least meiner Mutter für die guten Gene und die leckeren Erdnusscookies.

Register